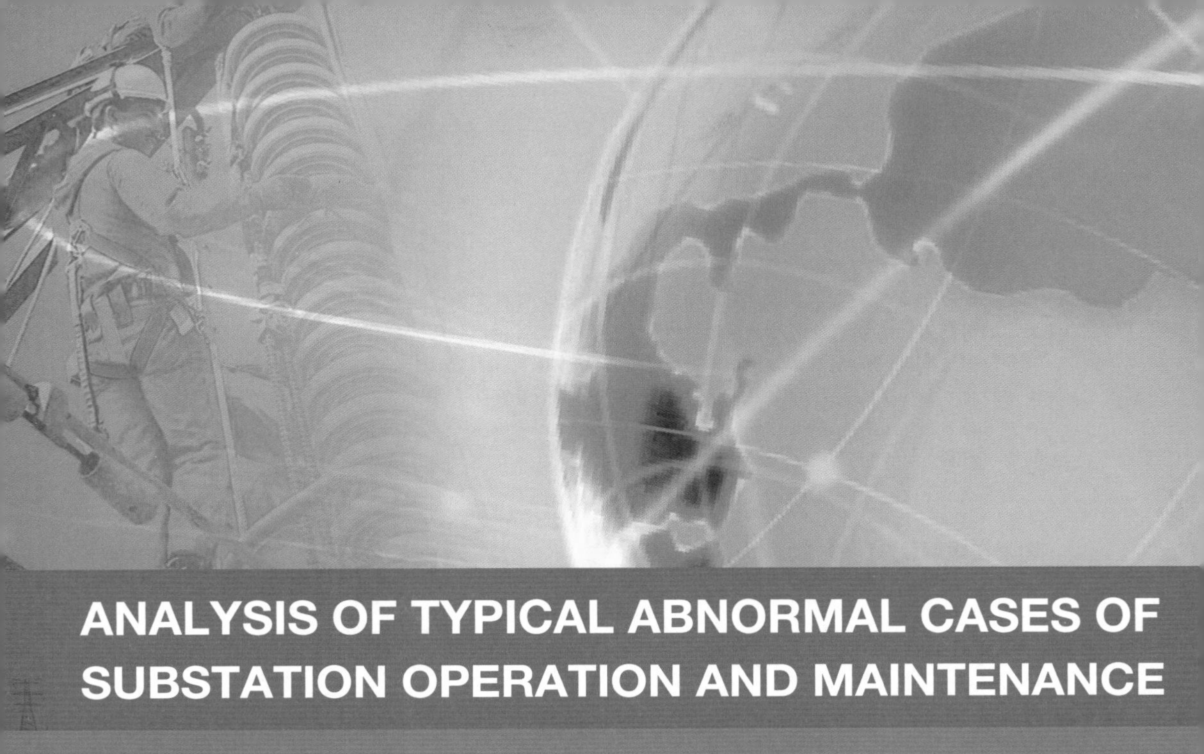

ANALYSIS OF TYPICAL ABNORMAL CASES OF SUBSTATION OPERATION AND MAINTENANCE

《变电运维典型异常案例解析》编委会◎编

变电运维典型异常案例解析

内 容 提 要

本书对变电运维专业典型经验进行汇总，收集37个异常案例，这些案例深刻总结近年来生产管理工作的得与失，能够较全面地涵盖运维专业日常工作的各个风险环节。

通过对这些案例的学习和分析，对我们有效开展变电异常预防工作，学习和掌握变电异常发生的规律，防止和减少变电异常的发生有十分重要的借鉴和指导作用。

本书适合变电运维、调度监控、变电检修、配电人员及有关技术人员参考，也可作为电力专业学生的学习资料。

图书在版编目（CIP）数据

变电运维典型异常案例解析 /《变电运维典型异常案例解析》编委会编. —北京：中国电力出版社，2020.5

ISBN 978-7-5198-4420-2

Ⅰ. ①变… Ⅱ. ①变… Ⅲ. ①变电所—电力系统运行—案例②变电所—检修—案例 Ⅳ. ① TM63

中国版本图书馆 CIP 数据核字（2020）第 035478 号

出版发行：中国电力出版社
地　　址：北京市东城区北京站西街 19 号（邮政编码 100005）
网　　址：http://www.cepp.sgcc.com.cn
责任编辑：王杏芸（010-63412394）
责任校对：黄　蓓　朱丽芳
装帧设计：北京宝蕾元科技发展有限责任公司
责任印制：杨晓东

印　　刷：北京博图彩色印刷有限公司
版　　次：2020 年 5 月第一版
印　　次：2020 年 5 月北京第一次印刷
开　　本：710 毫米 ×1000 毫米　16 开本
印　　张：4.5
字　　数：46 千字
定　　价：30.00 元

变电运维典型异常案例解析

编委会

主　编　郭永凯

副主编　闫红伟　白洁纯　裴印玎

成　员　马　斌　王　强　靳　强　苏德喜　林　选
霍丽华　周　海　刘　杰　闫煜豪　杨吉梅

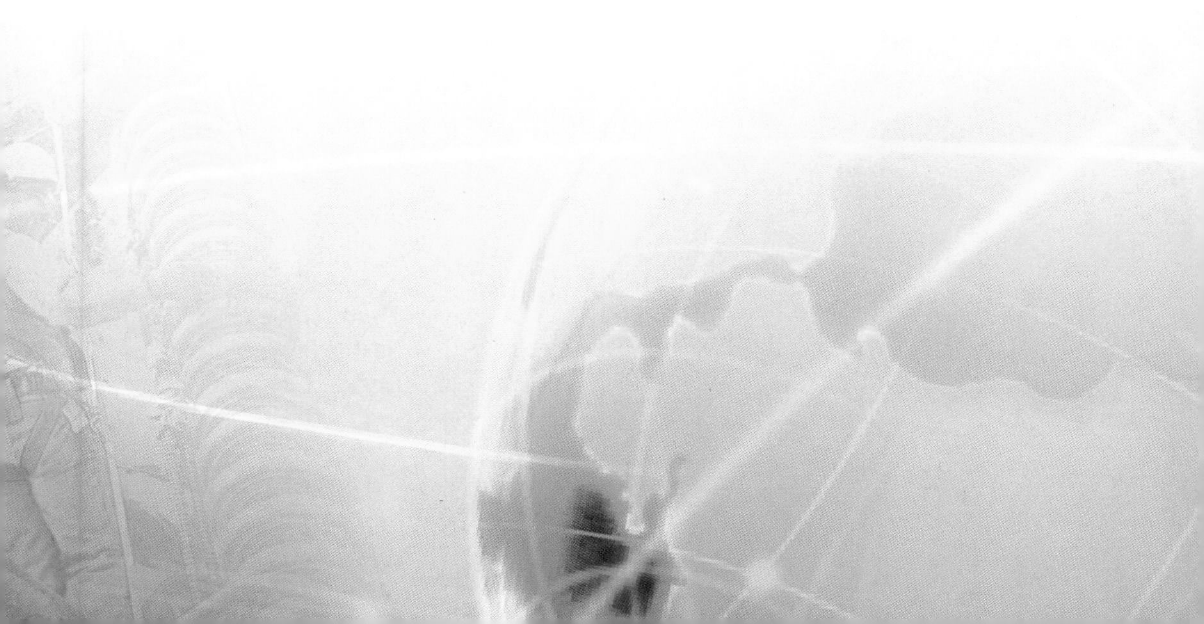

前言 PREFACE

近年来变电运维室牢固树立“以人为本，安全发展”理念，以“三强化，四提升”为抓手，紧紧围绕实现“五零”工作目标，以变电站精益化管理和设备设施综合治理为核心，立足设备巡检，标准化倒闸操作，强化现场管控，严控交通风险，强化人员培训，规范基础资料，确保了主电网变电站安全稳定运行。

为进一步夯实安全生产基础，持续提升变电运维室精益化管理水平，国网临汾供电公司组织一线骨干员工特编写《变电运维典型异常案例解析》，对变电运维专业典型经验进行汇总，收集整理解析37个异常案例，这些案例深刻总结近年来生产管理工作的得与失，能够较全面地涵盖运维专业日常工作的各个风险环节，此外在附录中也提供了变电运维的一些管理措施为本专业实际工作提供借鉴，也是进行安全教育和安全培训的实用教材。

在编写中，为使案例的防范措施能够体现出实用性和可操作性，我们根据现行的规程制度，对原案例中的防范措施做了一些修改和补充。组织班组人员在收集整理案例的基础上，对自己身边曾经发生的异常进行了剖析，并深刻反思。对我们有效地开展异常预防工作，学习和掌握异常发生的规律，认真吸取异常教训，在今后工作中加以防范，防止和减少异常的发生有十分重要的借鉴和指导作用。

本书案例由临汾供电公司变电运维室所属各班组提供，编写过程中得到各级领导、各班组成员的大力支持和协助，在此谨致谢意，并欢迎提出改进意见。

编　者

2020 年 5 月

目录 CONTENTS

一、一次设备典型异常案例

1 电压互感器油箱顶部放气阀门未拧紧导致异常发热

（一）异常经过

运维人员在对某220kV变电站进行红外检测时发现：220kV德曹Ⅰ线247A相线路电压互感器电磁单元油箱与相邻间隔德曹Ⅱ线248同型号电压互感器相比，通体温度高1.6℃，判断为电压致热型缺陷（检测时环境条件：环境温度25℃、湿度50%、风速0.3m/s、夜间、无背景辐射干扰、被测设备表面无脏污影响）。247 A相线路电压与所接南母母线A相电压对比低1.5kV，其余间隔电压正常。红外热像图如图1-1所示，电磁单元油箱通体均匀发热，无明显局部热点，分压电容器热像图无异常。

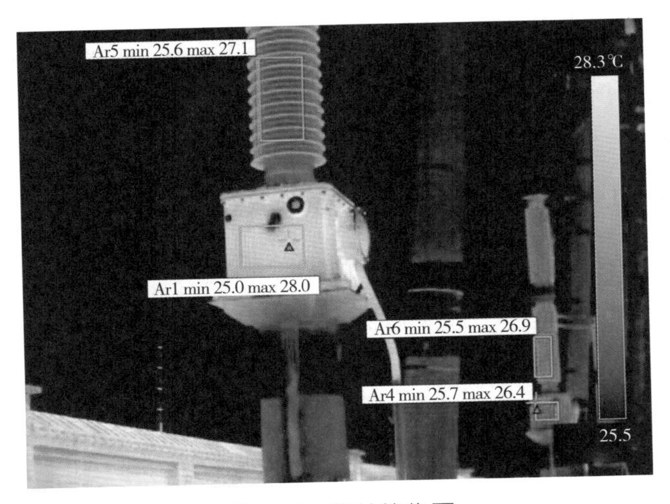

图1-1　红外热像图

对异常电压互感器解体检查。打开电磁单元与下节电容器间螺栓连接，起吊，在下节电容器底部法兰观察到明显水珠，如图 1–2 所示。打开底部放油阀排油后，在油箱底部、支撑木绝缘观察到明显的水珠，如图 1–3 所示。分析潮气进入部位，排除二次端子、油箱与下节电容器间的密封垫、放油阀等。检查油箱顶部放气阀门，螺栓未拧紧，直接用手可轻松拧动，阀门盖帽内有明显锈迹，如图 1–4 所示。

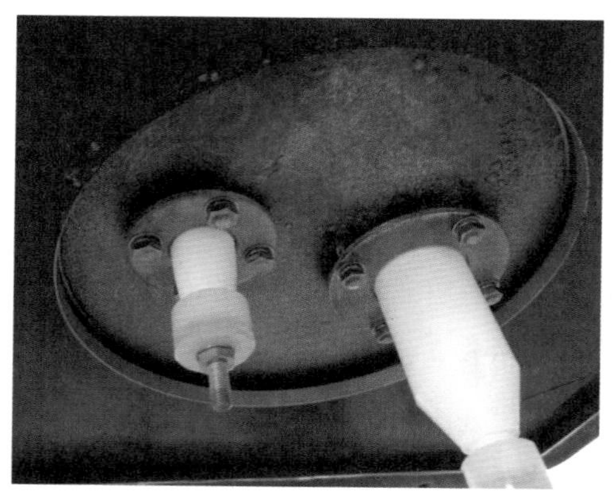

图 1–2　下节电容器底部法兰水珠

图 1–3　电磁单元油箱底部水珠

图 1–4　油箱顶部放气阀门螺栓松、盖帽锈蚀

（二）原因及暴露问题

（1）电压互感器出厂安装时，油箱顶部放气阀门未拧紧。随着温度变化，

油箱内绝缘油热胀冷缩，通过阀门有类似变压器的呼吸过程。潮气进入，经过几年的累积，绝缘油介损变大，造成红外异常。泄漏电流增加，相当于负载变大，引起测量的一次系统电压值降低。

（2）新设备投运前交接验收、运行后停电检修及验收、日常周期红外检测均未发现此问题，导致电压互感器油箱长期受潮进水。

（3）未对主变压器外其余充油设备绝缘油样进行周期抽样检查分析。

（三）防范措施

（1）严格规范设备在投运、检修阶段执行验收，完善验收项目内容、明确具体验收标准要求。

（2）规定周期实施对充油设备带电或结合停电检修进行绝缘油抽样检查分析。

（3）红外检测是发现电压致热型运行设备缺陷的有效手段，需继续总结此类红外检测经验，提炼典型检测案例，对检测出的异常图谱、油样数据、电压变化情况及时进行技术审核、深度分析及故障类型判定。

2 电压互感器故障造成停电检修范围扩大

（一）异常经过

某 220kV 变电站 220kV 唐明Ⅰ线 255 线路恢复送电操作过程中，对侧变电站合上唐明Ⅰ线 298 断路器后，本侧后台监控机检查发现 255 线路电压遥测值异常，故录检查发现对侧测距为线路全长，本侧为 2km。现场检查线路电压互感器气室压力异常升高，初步判断为线路电压互感器故障，经检测电压互感器外壳对内部二次绝缘为零，后经设备试验检查发现 255 线路电压互感器出现内部故障、绕组变形。

（二）原因及暴露问题

（1）线路电压互感器存在产品质量缺陷，合闸操作线路末端过电压发生内部故障。

（2）线路故障跳闸后运维人员不能根据测距综合判断分析线路跳闸原因，准确判断出故障设备。

（三）防范措施

（1）设备管理部门完善规范设计、招标、安装、验收各环节管控措施，避免因设备类型设计选用、厂家产品质量、安装施工工艺等因素造成运行设备故障。

（2）建议将 GIS 站组合电器内置式线路电压互感器设计为户外常规式电压互感器，户外常规式电压互感器具有停电检修易实施，停电范围小、停电周期短等优点。

（3）线路故障跳闸后，运维人员应能及时调取保护信息，并能正确分析判断出故障点。

3 误合隔离开关导致断路器跳闸

（一）异常经过

某 220kV 变电站 220kV GIS 新间隔在安装完成后调试时（220kV 西母检修、东母运行），后台厂家人员对古跃线 223 西 0 接地开关遥控回路检查、试验时，误合 223 东隔离开关，将基建调试设备误合于运行母线，造成了 220kV 双套母差保护动作跳闸。

（二）原因及暴露问题

（1）GIS 新增间隔设备与运行母线连接带电运行后，未及时将新间隔联锁/解锁钥匙及时收回，对解锁钥匙管理存在疏漏。

（2）施工单位未将新间隔设备操作机构手动摇把全部移交运维人员，现场手动摇把随意使用失去管控。

（3）试验前未对二次回路进行认真分析，对厂家联调试验线进行检查。

（三）防范措施

（1）补充完善针对变电站施工作业现场五防管理措施，严防变电站各类人员误操作、设备损坏及电网异常的发生。运行中的汇控柜、测控柜等装置“解锁/联锁”钥匙全部收回，新建间隔与任意一条运行母线连接投入运行前，必须将“解锁/联锁”钥匙收回，并纳入五防管理。

（2）严格变电站作业现场安全管理要求刚性执行，严禁随意更改保证工作现场安全的接地开关或接地线等安全措施，确保人身、设备及电网安全。变电站设备操作杆、操作摇把上粘贴标签，标签内容明确操作杆、操作摇把的使用范围，全部集中放置，放置用品柜柜门全部上锁，检修工作人员使用时需工作负责人提出申请，值班负责人告知运维班班长同意后，申请人填写借条，借条内填写清楚操作间隔设备名称及编号，并设现场专人监护，确保不发生误合、误拉，从管理方面控制设备异常隐患。

（3）根据设备施工现场的变化情况，及时对工作现场的危险因素进行重新分析，从技术方面采取有效措施，防止设备异常发生。如新建间隔设备的调试、传动工作应全部在与运行母线接火前全部完成，因故未完成，必须将与运行母线已连接的隔离开关后台挂“禁止合闸，有人工作”标示。断开对应禁止合闸隔离开关的电机及控制电源，GIS 或 PASS 设备在汇控柜内将操作把手封住，并悬挂“禁止合闸，有人工作”标识牌，禁止合闸隔离开关机构箱上悬挂“带电”红布幔；常规设备在隔离开关操作机构箱内远方/就地把手切换至“就地”位置，机构箱上锁并悬挂“禁止合闸，有人工作”标示及“带电”红布幔。有条件时，可直接甩开禁止合闸隔离开关的电机电源二次接线或航空插头。

（4）严格控制配合工作单过程管理，确保工作现场调试设备提前开锁，消除误操作隐患。变电站设备检修，需调试的设备要打开五防锁，如果在操作前运维人员不明确哪把隔离开关五防锁应在断开位置，操作中就可能留错或没留，操作全部结束再开锁时，需将五防机或模拟屏相应的安全措施全部拆除，方可打开需调试隔离开关的五防锁，除浪费工作时间外，还极易造成五防机或模拟屏一次设备位置与现场设备位置不一致，给误操作埋下隐患。因此，要求工作许可人提前审核工作票内容时，同时审核隔离开关调试等配合工作联系单，配合工作联系单未到或有其他问题及时与相关人员沟通，并及时将详细情况报运维班班长及变电运维室管理人员。

4 110kV GIS 设备隔离开关连杆断裂

（一）异常经过

某220kV变电站新增3号主变压器工程，110kV南北母轮停。在南母送电、北母停电的倒母线操作过程中，在合上紫高Ⅱ线116南隔离开关、拉开116北隔离开关后，运维人员检查现场设备时，听见116南隔离开关气室内有放电音响，立即现场紧急处置断开116断路器，并将全部出线恢复至北母运行，拉开母联110断路器，将异常设备隔离，避免了母差保护动作异常发生。后将紫高Ⅱ线116间隔及南母转检修后，对116南隔离开关解体检查，发现116南隔离开关内部传动连杆断裂，对其进行了更换处理。

（二）原因及暴露问题

该站 GIS 设备系 2008 年投运，存在隔离开关内部传动连杆年久老化问题。

（三）防范措施

（1）GIS 设备巡视检查注意观察气室压力变化，内部是否有异常音响，外部连杆构件有无移位变形等。

（2）GIS 设备遇有倒闸操作，必须现场设专人对设备操作变位情况检查确认，包括操作到位情况、音响情况、振动情况。

（3）根据检修工作安排，对该站同批次投运的设备安排进行重点检查维护及分合操作验收。按周期规范落实设备带电检测、红外成像等设备状态维护工作。

（4）对 GIS 隔离开关位置加装分合闸精度指示装置，便于精准判断是否操作到位，合上 GIS 隔离开关后运维人员要在第一时间检查隔离开关精度指示是否到位，确认检查有无放电声。

5 主变压器中性点接地开关燃弧

（一）异常经过

某 220kV 变电站 110kV 城北Ⅱ线 156 断路器保护动作跳闸、重合成功，运维人员对现场设备检查过程中，发现 2 号主变压器 1020 中性点接地开关拉弧放电，接地开关触头烧损。

（二）原因及暴露问题

2 号主变压器中性点接地，2 号主变压器 102、城北Ⅱ线 156 断路器都在

110kV 西母运行。156 线路单相接地故障电流与 1020 中性点接地开关形成零序回路，有大电流通过。由于中性点接地开关接触不良，发生单相接地时电流过大导致接地开关帽子烧毁。

（三）防范措施

（1）倒闸操作必须规范执行现场设备分合位置、操作质量项目检查。

（2）220kV、110kV 线路发生跳闸及重合后，应注意对主变压器中性点回路包括接地开关、零序电流互感器、间隙电流互感器、接地引下线、接地扁铁进行检查。

6 35kV GN27 型隔离开关合闸不到位导致主变压器停运

（一）异常经过

运维人员在对某 220kV 变电站 35kV I 段母线送电操作过程中，合上 1 号主变压器 3011 隔离开关后检查发现合闸不到位，立即停止操作报调度并通知检修人员处理。检修人员经过处理依然合不到位后，申请将 1 号主变压器及三侧断路器转检修。打开 3011 隔离开关柜门，发现 3011 隔离开关动、静触头均有不同程度的烧伤痕迹，检修人员对 3011 隔离开关静触头更换后恢复送电。

（二）原因及暴露问题

（1）1 号主变压器 3011 隔离开关动、静触头接触不良，主变压器 35kV 侧负荷电流大，长期发热导致隔离开关烧伤。

（2）运维人员对开关柜隔离开关操作合闸质量检查不到位，日常巡视、红外检测工作执行质量不高。

（三）防范措施

（1）GN27 型隔离开关合闸后，必须对操作质量进行认真检查：三相是否合闸到位，动、静触头接触良好，静触头面向运维人员为竖直平面。

（2）按周期规范执行开关柜柜体温度对比分析，及时发现柜内设备异常及缺陷，尤其是对 35kV、10kV 主变压器进线等重载回路开关柜测温时要重点关注。

（3）对于隔离开关连接导电部位应利用停电机会及时粘贴示温贴片，日常巡视注意观察贴片有无变色。

7 AVC 投切电容器时发生接地故障导致主变压器跳闸

（一）异常经过

某 220kV 变电站 2 号主变压器双套保护装置低压侧后备保护动作，随后 2 号主变压器双套保护装置差动、重瓦斯保护动作，主变压器及三侧断路器跳闸。现场检查 2 号主变压器气体继电器有气体，35kV4 号电容器 422 开关柜断路器室前柜门鼓起、熏黑，如图 7–1 所示；将 422 断路器操作转检修后打开开关柜检查发现：真空断路器上部导电部分对柜体顶部放电，A、B、C 三相均有短路烧融情况，相间隔板表面有电弧灼伤痕迹，柜内二次线缆表面熏黑，如图 7–2 所示。柜内避雷器动作，说明故障过程中存在过电压现象。

（二）原因及暴露问题

（1）AVC 切除 4 号电容器时，422 断路器分闸时发生重燃击穿，在断路器下部产生过电压，过电压造成断路器外绝缘发生沿面闪络，形成导电通道产生弧光，弧光造成 C 相接地，最终形成三相短路故障（一次故障电流

图 7-1 开关柜断路器室前柜门鼓起、熏黑

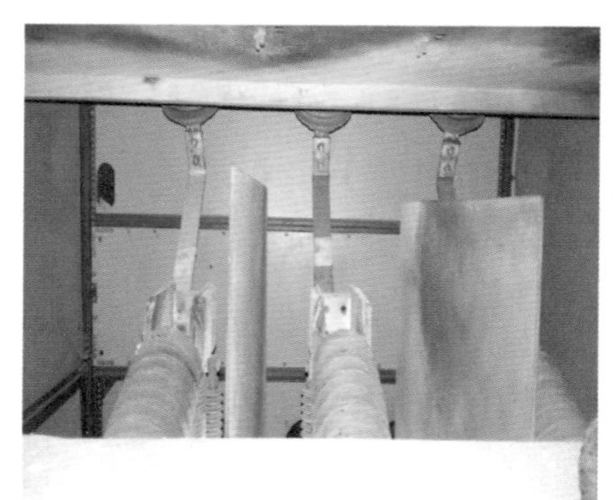

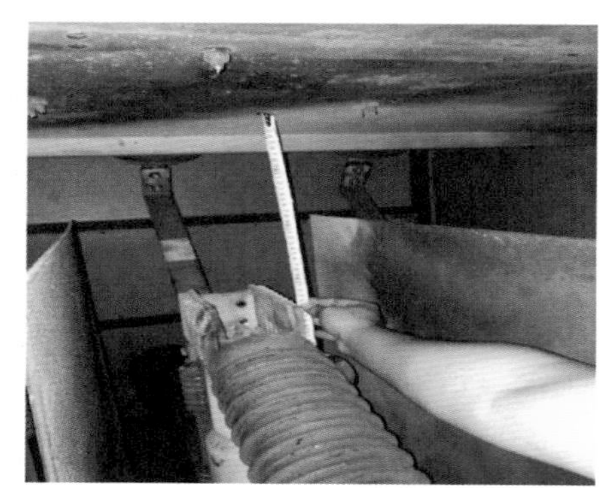

图 7-2 开关柜内过电压现象

14.25kA，持续时间 332ms）。因变压器抗短路能力不足，在遭受近区短路后，变压器内部绝缘受损，在切断低压侧故障电流后，主变压器内部故障继续发展，最终导致差动保护、重瓦斯保护动作跳闸。

（2）开关柜交接、例行试验及带电检测工作，未能及时发现开关柜内断路器隐蔽性缺陷，对 AVC 投切频繁电容器断路器未采取针对性技术监督措施，导致电容器开关柜内断路器发生故障，造成主变压器近区短路。

（3）变压器抗短路能力不足问题突出。因设计水平、电磁线制造技术不高以及制造工艺不规范等，生产的变压器存在抗短路能力不足，在遭受近区短路时极易发生损坏故障。

（三）防范措施

（1）加强带电检测，缩短抗短路能力不足的变电站主变压器巡视周期，确保设备状态可控、在控。

（2）结合设备现场实际运行工况，制定完善科学合理、有所侧重的针对性运维管控措施，规范落实设备精益化管理评价细则要求，切实做好设备日常运维、检修试验、带电检测、专业化巡视、专项隐患排查等设备状态管理，切实提升设备隐蔽性缺陷及隐患的及时发现和处置能力。

8 站变相间短路导致主变压器跳闸

（一）异常经过

某 220kV 变电站在手动投入 35kV3 号电容器时 35kV2 号站用变压器过流Ⅰ段保护动作，2 号主变压器差动保护、重瓦斯保护动作，主变压器三侧断路器、站用变压器断路器跳闸。现场检查发现 2 号主变压器气体继电器内部有气体；2 号站用变压器柜前、后柜门被冲开，侧门鼓起，如图 8–1 ~ 图 8–3 所示。

将 2 号站用变压器操作转检修后发现：2 号站用变压器 A 相与 B 相绝缘外壳有灼伤痕迹，A 相上、下两个接线端有灼伤痕迹，B 相下部接线端有烧灼痕迹。A 相柜体侧壁一处电弧放电痕迹，如图 8–4 和图 8–5 所示。

图 8–1　冲开的前柜门

图 8–2　冲开的后柜门

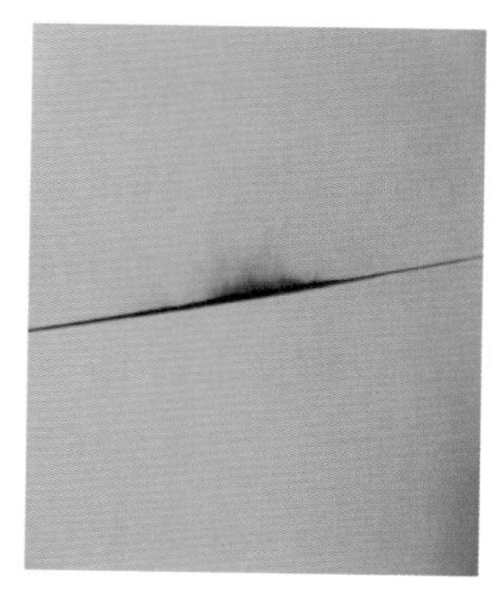

图 8–3　侧柜鼓起变形

图 8–4　站变 A–Z 连接线断裂

图 8–5　A 相侧柜壁电弧放电痕迹

（二）原因及暴露问题

（1）2 号站用变压器故障在站变高压端三角形接线处形成，分析认为引发 2 号站用变压器短路原因是 A–Z 角连接铜管导电连杆在加工过程中可能有折痕。A–Z 铜管导电连杆较长，长时间运行振动形成下沉，引发短路。

（2）站用变压器连接引线制作工艺不良。站用变压器三角形接线 A–Z 相间的短接铜管长度达到 1.45m，且为悬空跨越 B 相，中部无支撑，运行中易发生形变致使连接处受力不均。

（3）对新投设备交接验收检查内容不全面，对铜管包封护套内隐性问题未能及时发现，对站用变压器连接引线安装工艺缺陷未提出改进措施意见。

（4）手动投入35kV3号电容器前及时查看35kVⅡ段母线电压是否过高。

（三）防范措施

（1）组织全面排查，开展对所有35kV、10kV开关柜隐患专项排查治理，重点检查柜内干式站用变压器高低接线及压接情况，排查出的问题逐条销号处理。

（2）修订完善开关柜干式站用变压器验收项目内容，将绝缘包封的导电体、压接部位，站用变压器连接引线制作安装工艺列为验收重点检查项目。

（3）手动投入电容器前一定要检查后台电压情况，根据电压曲线进行投退操作。

9 断路器连杆断裂导致断路器C相未分闸

（一）异常经过

2015年9月30日，某110kV变电站110kV嘉腰线134线路遭遇雷击，距离Ⅱ段保护动作跳闸、重合成功，故障相别A、B、C相，监控后台134断路器弹簧未储能光字动作未复归。二次运检人员在调取134故障录波报告时发现保护动作、断路器跳闸后C相仍有故障电流，怀疑C相未能分闸，随后对断路器机构检查时发现B、C相间传动拉杆断裂。

（二）原因及暴露问题

（1）断路器分闸过程中断路器B相至C相机构传动拉杆发生断裂，造成断路器C相未分闸。断裂的拉杆及焊接情况如图9-1和图9-2所示。

（2）设备材质不佳，制造工艺不良。

图9-1 断路器B相与C相间断裂的拉杆

图9-2 断路器B相与C相间拉杆焊接后照片

（3）设备巡视检查、维护检修工作对箱体内附属件运行工况未足够重视，缺少检查关注。

（三）防范措施

（1）补充完善变电运维专业日常巡视、倒闸操作及变电检修专业化巡视检查项目要求，断路器三相本体拐臂与连杆的相对位置也应一并列入检查内容。

（2）继续规范执行保护动作跳闸后报告的调取及分析工作要求，通过故障报告调取、波形分析及时发现设备可能存在的各类异常情况。

（3）建议对断路器操作连杆传动部分全封闭情况的，应在断路器每相操动拐臂处留有检查传动拐臂机械位置指示的观察孔，以便于直观检查。

（4）操作人员拉开断路器后必须要检查后台三相电流、负荷是否为零，现场断路器分合指示器及连杆是否操作到位。

10 GIS 气室绝缘支瓶闪络对地放电导致三相短路故障

（一）异常经过

某 220kV 变电站 220kV 双套母差保护动作，220kV 东母失压。经现场检查东母 6 号气室靠近 2 号主变压器 202 侧 B 相母线绝缘支瓶闪络损坏，B 相母线绝缘支瓶处导体有相间放电痕迹，该气室其他绝缘件均无放电异常，2 号主变压器 202 东隔离开关绝缘盆子及与东母 7 号气室隔离的母线绝缘盆子表面有放电附着物，如图 10-1 和图 10-2 所示，6 号气室外观图及开仓检查如图 10-3 ~ 图 10-5 所示。

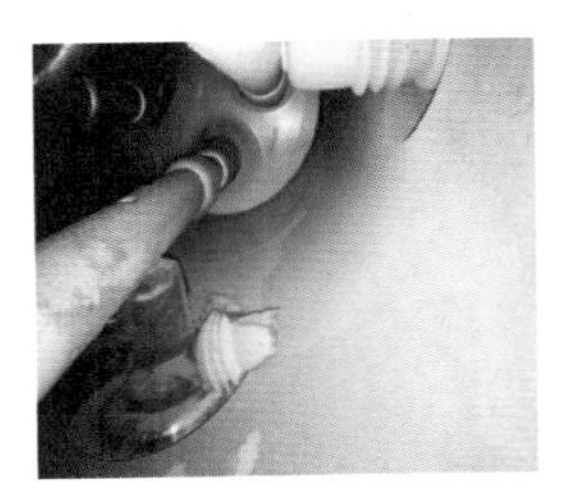

图 10-1　与 7 号气室隔离的母线绝缘盆有附着物

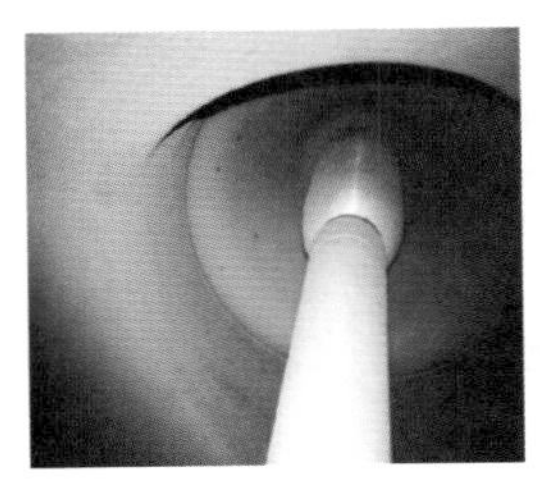

图 10-2　202 东隔离开关绝缘盆表面有附着物

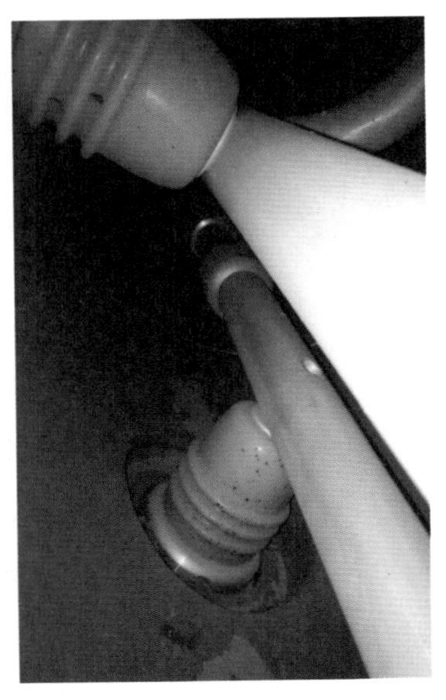

图 10-5　A、C 相母线绝缘支瓶

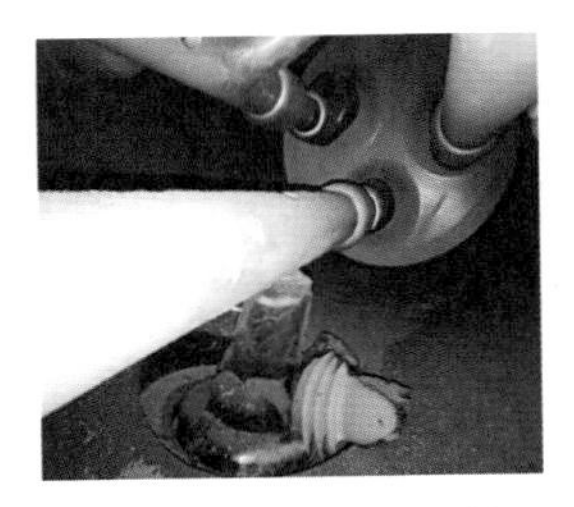

图 10-3　B 相母线绝缘支瓶闪络损坏

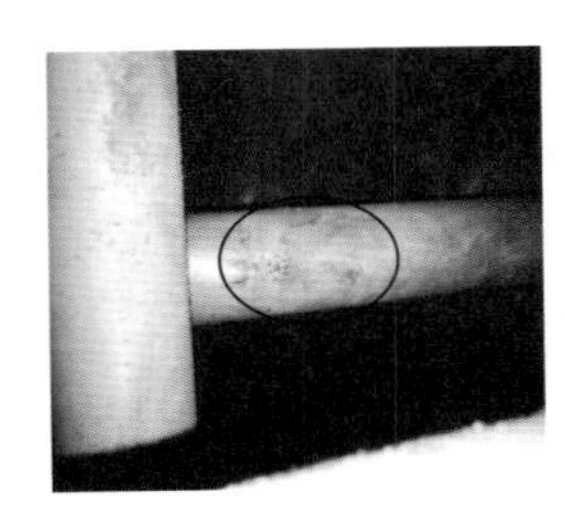

图 10-4　A 相母线相间放电痕迹

（二）原因及暴露问题

220kV 东母 6 号气室内 B 相绝缘支瓶运行中闪络对地放电，电弧进一步引起三相短路故障。

（三）防范措施

（1）依据国家电网运检〔2015〕902 号《关于印发户外 GIS 设备伸缩节反异常措施和故障分析报告的通知》、晋电运检〔2015〕1166 号《国网山西省电力公司关于进一步加强气体绝缘金属封闭开关设备全过程管理工作的通知》文件，对所辖 GIS 变电站制定动态管控，逐条梳理落实反措条目。

（2）规范开展组合电器设备红外成像、带电检测工作，对检测出的异常图谱、数据及时进行技术审核、深度分析及故障类型判定。同时对运行 10 年以上未进行过大修检查的组合电器落实针对性运维措施、缩短带电检测周期。

（3）设备跳闸后，运维人员要及时判断故障点，熟悉变电站事故预案，及时恢复电网运行。

11 小车开关触头过热导致接触不良

（一）异常经过

运维人员在对某 110kV 变电站进行红外检测过程中，发现 2 号主变压器 10kV 侧 5023 开关柜后柜中部温度 33℃，其他开关柜相同位置 27℃左右（负荷电流 520A，配电室环境温度 22℃）。从 5023 开关柜的柜底观察窗进一步观察，发现 5023 隔离开关断路器侧 C 相绝缘包封乳化变形。停电后测温发现 5023 隔离开关触头 A 相 54.2℃、C 相 58.4℃。5023 开关柜、相邻开关柜红外热像图，如图 11-1 和图 11-2 所示，从 5023 开关柜的柜底观察窗进一步观察可见光图，如图 11–3 所示，停电后 5023 隔离开关 A 相、C 相触头红外热像图如图 11–4 和图 11–5 所示。

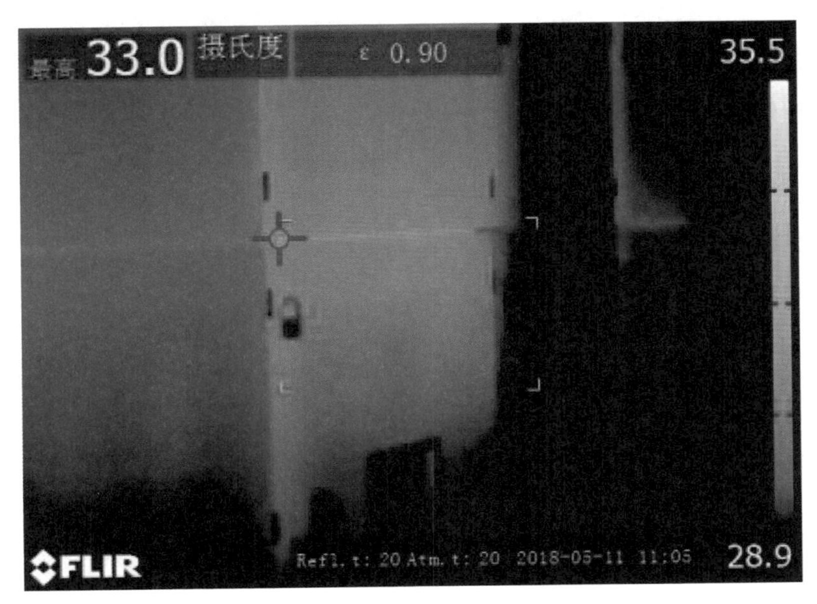

图 11–1　5023 开关柜后柜红外热像图

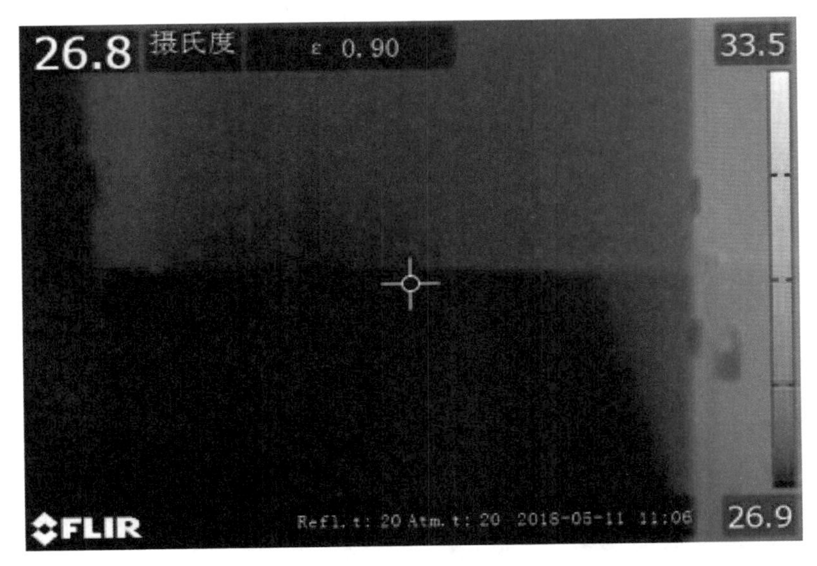

图 11–2　相邻开关柜红外热像图

图 11-3 柜底观察窗可见光图

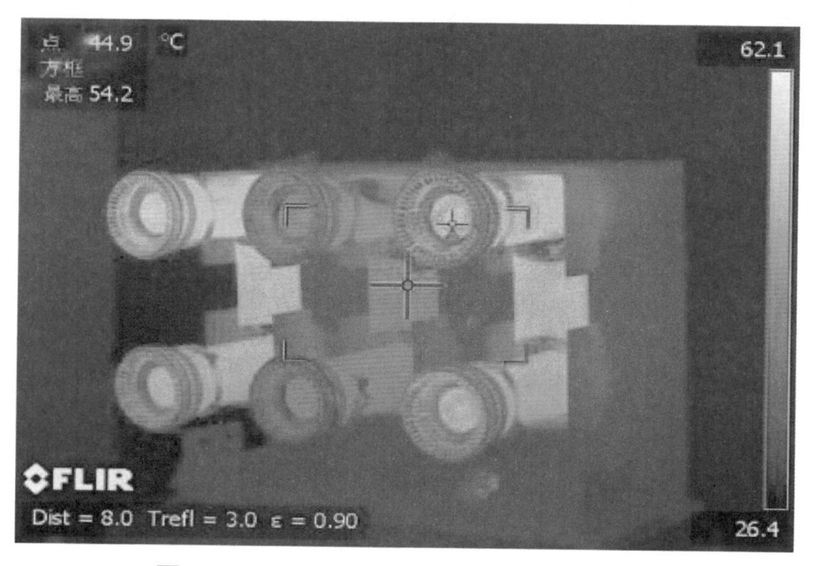

图 11-4 停电后 5023 A 相触头红外热像图

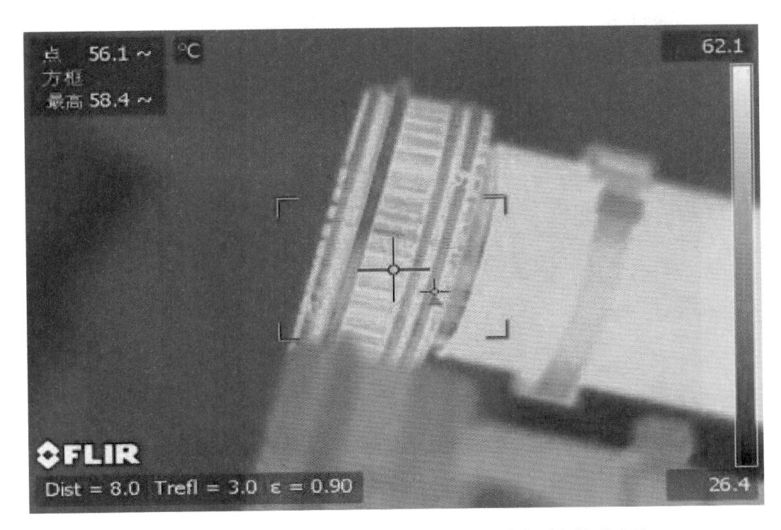

图 11-5 停电后 5023 C 相触头红外热像图

（二）原因及暴露问题

5023 隔离开关梅花触头与触头座接触不好且通过电流较大导致过热、发黑、弹簧弹力下降，过热、发黑痕迹，弹簧弹力下降可见光图如图 11-6 和图 11-7 所示。

图 11-6 5023 隔离开关触头过热痕迹可见光图

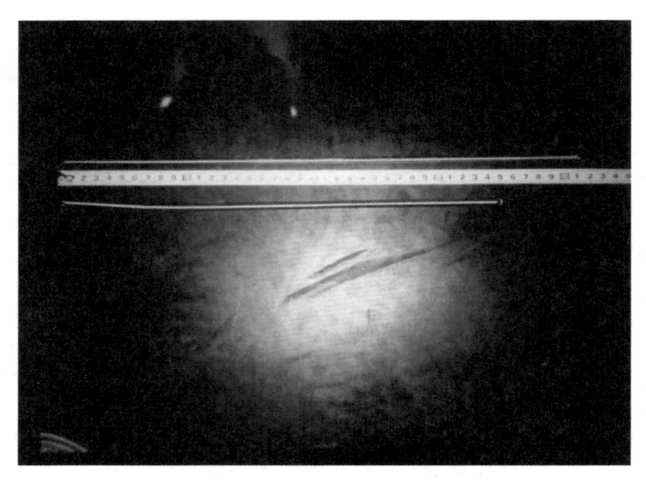

图 11-7　5023 隔离开关弹簧弹力下降可见光图

（三）防范措施

（1）开关柜送电操作必须认真仔细检查隔离开关是否合到位、小车开关是否摇到位，送电后及时检查有无异常的放电声响。对于大负荷开关柜，要缩短巡视、测温检查周期。

（2）对于开关柜、主变压器一次侧带绝缘包封的母排这类设备，红外检测由于无法直接检测到发热部位，只能检测到柜体和绝缘包封的表面，往往发热部位温度传导到表面有较大下降，所以在红外检测过程中对此类设备检测时如有一定的温差应初步判断为异常，然后再从散热窗、孔等处进一步检测，但需要注意排除开关柜加热器、站变开关柜、主变压器进线柜对检测结果的影响。

12 主变压器散热器运行异常

（一）异常经过

运维人员在对某 110kV 变电站 2 号主变压器进行红外成像检测发现：2 号

主变压器 4 号散热器红外成像明显异常，红外图谱与其他散热器存在明显差异，以手触试初步判断该散热器蝶阀异常关闭，油未循环散热。后经变电检修人员检查系蝶阀内部轴断，外部位置显示在通位，实际内部阀门并未打开。

（二）原因及暴露问题

（1）该变压器为返厂大修的老旧变压器，运行年代较久，设备投运时交接验收执行不到位。

（2）变压器投运后经历数次运维专业测温、专业化巡视测温均未能及时发现此散热器异常缺陷。

（三）防范措施

（1）规范新投设备交接验收、停电检修验收关键点内容检查。

（2）持续做好变电运维人员红外测温专项培训，红外成像测温应明确无阳光反射干扰的时段环境、调整成像仪温宽范围、红外拍摄角度等要求注意事项。新设备投运 12h 后及时安排红外测温成像。

13 35kV 母线隔离开关引线人字线夹发热

（一）异常经过

运维人员对某 220kV 变电站进行红外成像测温时发现 35kV 寺白线 405 南隔离开关 A 相断路器侧引线人字线夹处发热 170℃，现场立即汇报调度并进行倒母线操作。

（二）原因及暴露问题

35kV 寺白线 405 断路器正常接于 35kV 南母运行，405 南隔离开关断路器侧引线经人字线夹与断路器连接，由于人字线夹接触不良，在运行中引起发热。405 北隔离开关断路器侧引线与断路器未经人字线夹连接。因此，经倒母线操作，合上 405 北隔离开关，拉开 405 南隔离开关后，人字线夹就没有电流流过了，发热随即消失。

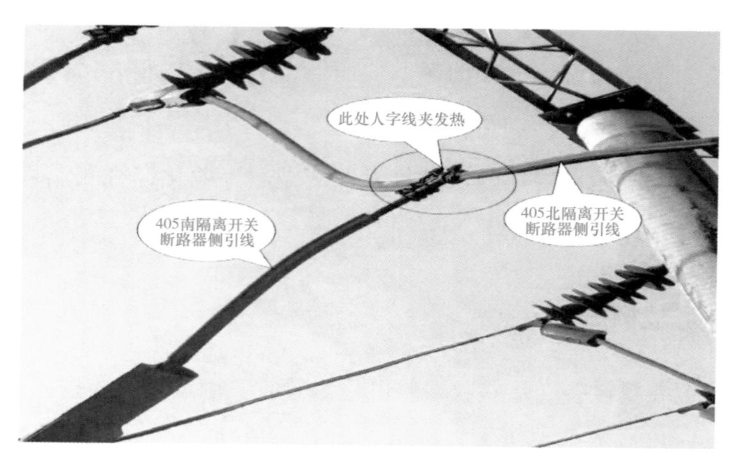

图 13-1　发热部位可见光照片

（三）防范措施

（1）利用停电检修机会，对因长期运行发生氧化锈蚀、接触电阻增大的设备线卡打磨、涂抹导电脂、紧固或更换维护处理。

（2）结合设备现场实际运行工况，对运行时间较长、锈蚀严重、重载回路的老旧设备连接部位增加红外成像测温周期频次。

14 GIS 设备气室压力快速下降导致主变压器紧急停运

（一）异常经过

某 220kV 变电站 2 号中压侧 102 间隔 GIS 设备 1 号气室压力低报警（参

照值：额定压力 0.50 ± 0.02MPa，报警压力 0.40 ± 0.02MPa），运维人员现场检查 1 号气室压力为 0.39MPa，并有持续下降趋势，在及时汇报调度后将 2 号主变压器操作转冷备用，检修人员对 1 号气室检漏检测出漏点后对漏点进行处理。

（二）原因及暴露问题

2 号主变压器中压侧 102 间隔 1 号气室存在漏点造成气室压力快速下降，迫使 2 号主变压器紧急停运。

（三）防范措施

（1）针对 GIS 设备气室 SF_6 压力降低缺陷应及时上报、补气检漏，在缺陷未处理前，运维人员设备巡视应重点关注，及时调整缩短巡视周期。环境温度骤降时，应及时安排执行 GIS 设备气室压力特巡检查。

（2）强化运维人员 GIS 设备气室结构相关知识专项培训，提升运维人员正确、迅速处理 GIS 设备发生漏气的异常处置能力。

15 GIS 设备母线气室漏气造成母线临停

（一）异常经过

某 220kV 变电站 220kV 寺唐Ⅰ线 253 南 3 号气室压力低告警，现场检查 253 南 3 号气室盆式绝缘子出现裂纹并伴随明显漏气声音，气室 SF_6 压力表压力指示持续降低且速度很快。运维人员在汇报调度、变电运维室主管领导后，将 220kV 南母、寺唐Ⅰ线 253 断路器停电操作转冷备。由于此站 GIS 气室比较特殊，没有独立的母线侧隔离开关气室，隔离开关的动、静触头都在同一个母线气室内。母线侧隔离开关和母线无盆式绝缘隔离如图 15-1 所示，当母线气室漏气时，需停对应母线、母线包括的间隔也需要停电，而对于母线侧隔离开关和母线有盆式绝缘隔离的 GIS 设备如图 15-2 所示，当母线气室漏气时，只需停对应母线。

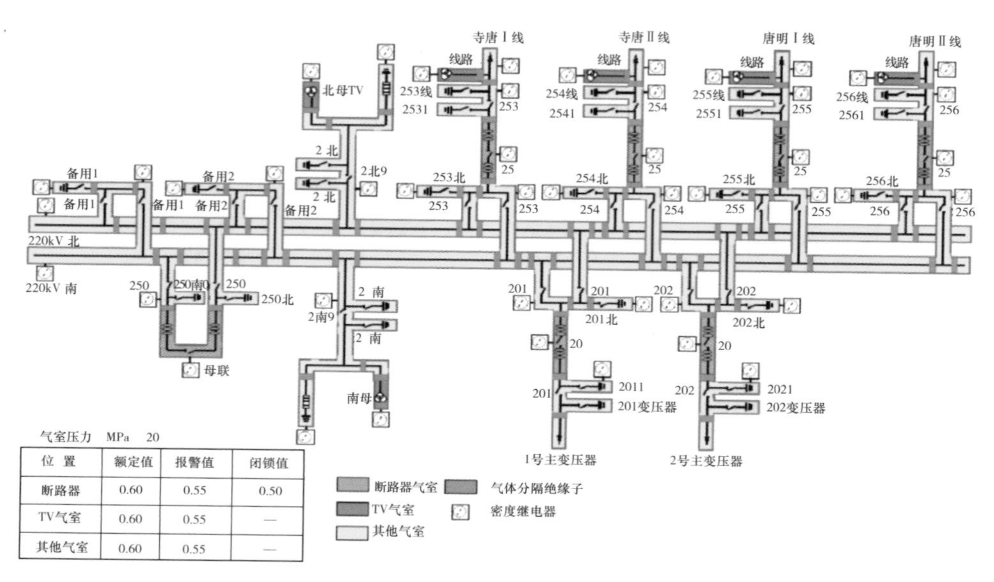

气室压力 MPa 20

位 置	额定值	报警值	闭锁值
断路器	0.60	0.55	0.50
TV气室	0.60	0.55	—
其他气室	0.60	0.55	—

图 15-1 母线侧隔离开关和母线之间没有盆式绝缘子

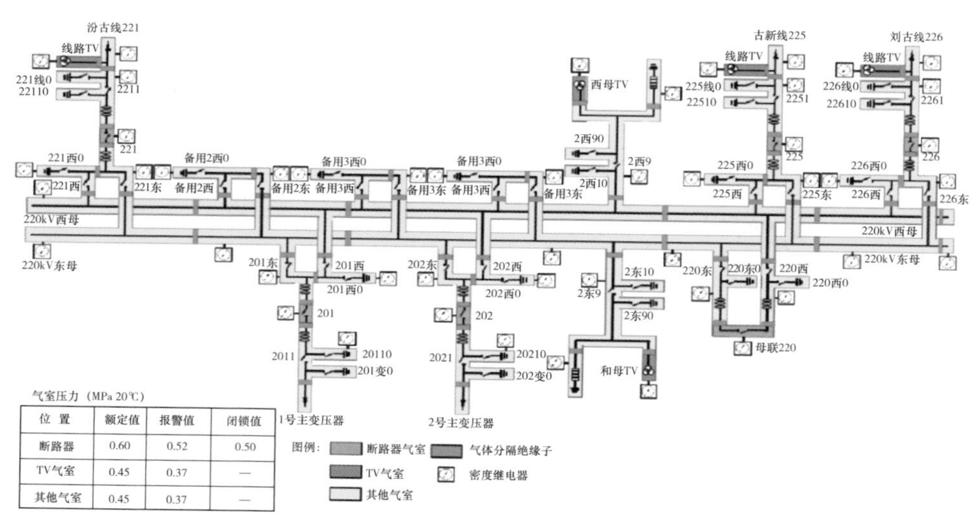

气室压力（MPa 20℃）

位 置	额定值	报警值	闭锁值
断路器	0.60	0.52	0.50
TV气室	0.45	0.37	—
其他气室	0.45	0.37	—

图 15-2 母线侧隔离开关和母线之间有盆式绝缘子

（二）原因及暴露问题

（1）因电气施工安装人员对盆式绝缘子密封处理工艺不佳，导致盆式绝缘子安装密封接触面进水，在冬季环境温度降低发生冻裂导致气室 SF_6 泄压。

（2）GIS 设备伸缩节螺丝由于温度变化较大已经顶到头，无可伸缩裕度，运维人员未能及时发现。

（三）防范措施

（1）设备管理、维护部门完善规范电气设备安装调试、交接验收环节管控措施，避免因设备安装施工工艺因素造成运行设备故障。

（2）当气温发生较大变化后，运维人员巡视应注意 GIS 设备伸缩节是否还有可调节的预度。

（3）运维人员应能熟悉 GIS 站的气隔图，针对不同漏气气室，能够正确判断出停电隔离范围：

1）套管气室漏气：线路两侧断路器断开。

2）线路侧隔离开关气室漏气：线路两侧断路器断开。（主变压器 1011、2011 隔离开关气室漏气，停用主变压器）

3）线路 TV 气室漏气，线路两侧断路器断开。

4）开关气室（上 TA、下 TA）漏气，将本侧断路器转冷备。

5）母线侧隔离开关气室漏气：停对应母线和断路器。

6）母线气室漏气。

a. 母线侧隔离开关和母线有盆式绝缘隔离，停对应母线。

b. 母线侧隔离开关和母线无盆式绝缘隔离，停对应母线、母线包括的间隔也需要停电。

c. 母线 TV 气室漏气，停母线 TV，拉开 TV 隔离开关。

d. 母线避雷器气室漏气，停母线 TV，拉开 TV 隔离开关。

e. 母线 TV 隔离开关气室漏气，停用对应母线。

16 小动物进入造成电容器组故障跳闸

（一）异常经过

某 110kV 变电站 10kV 2 号电容器组差压保护动作跳闸，现场检查 2 号电容器组电抗器处有短路故障痕迹，网栏内电抗器下方地面有烧焦的小动物。

（二）原因及暴露问题

（1）站内围墙安防为红外报警装置，小动物从围墙上方进入，红外报警装置不具备制止防范的技术要求。

（2）电容器网栏设计仅满足人员与设备安全距离隔离要求，通过现场环境检查小动物可以从围墙直接跃入网栏或从网栏底部进入，网栏高度与底部设计存在缺陷。

（3）电容器组电抗器为垂直叠加布置，极易发生短路故障。

（三）防范措施

（1）对现安装为红外报警装置、电容器网栏设计存在缺陷隐患变电站，应尽快安排计划实施改造。

（2）变电站大门为栏杆式且底部无挡板，应同步及时完善落实改造防范措施。

（3）变电站内严禁种植、放置引诱小动物进入的任何农作物或食物。

（4）将垂直叠加布置安装电抗器改造为水平布置。

（5）开展对室内设备封堵摸底排查、统计，有缺失的要及时完善，对站内散排的排水孔洞应加装防护网。

17 小动物进入开关柜导致三相短路

（一）异常经过

某 110kV 变电站 2 号主变压器 10kV 复压过流Ⅱ段保护动作，2 号主变压器 802 断路器跳闸。10kV 分段 800 断路器柜前门、8002 隔离开关柜前后门炸开。8002 隔离开关断路器侧铝排接头连接处三相有放电痕迹，柜内有一只老鼠。

（二）原因及暴露问题

（1）2 号主变压器增容改造投运前，10kV 配电室室外防火隔墙处有预埋线管未进行封堵，分段 8002 隔离开关柜底部电缆孔洞封堵不严、8002 隔离开关铝排接头部位未进行绝缘包封。

（2）变电运维人员设备验收检查不到位，设备日常巡视未及时检查发现封堵缺陷、防小动物检查维护工作执行不到位。

（三）防范措施

（1）规范新投、检修设备封堵验收，结合设备日常巡视、防小动物检查维护工作，及时发现上报缺陷、持续完善落实防小动物检查维护措施。

（2）开展对未实施绝缘包封开关柜集中摸底排查、统计，及时完善开关柜内设备绝缘包封。

18 电容器组带缺陷运行造成炸裂损坏

（一）异常经过

某 220kV 变电站 35kV 4 号电容器组差压保护动作跳闸，现场检查 4 号电容器组 B 相、C 相电容发生炸裂。

（二）原因及暴露问题

（1）电容器组故障前存在红外测温发热、绝缘包封护套变形的一般运行缺陷，设备维护部门未及时消缺、现场未通知调度监控封锁 AVC 造成设备“带病运行”。

（2）变电运维人员在发现上报电容器缺陷后，因站内连接多个电厂，电容器组所接母线电压经常维持在 AVC 定值上限，电容器投切动作次数较少，现场特巡、重点测温等工作措施未持续跟进。

（三）防范措施

（1）电容器组严重及以上缺陷，要求必须第一时间通知调度监控将 AVC 封锁。一般缺陷变电运维人员应结合到站设备巡视持续予以现场关注，规范执行落实特巡、重点测温等运维检查措施。

（2）对长期不投运的电容器，在 AVC 动作投运后调度监控人员应及时通知变电运维人员执行巡视检查及重点测温。

（3）调度监控专业应按规定周期要求做好长期不投运电容器汇总，设备维护部门结合统计情况必要时安排实施检查试验工作。

19 35kV 电容器组干式电抗器着火

（一）异常经过

某 220kV 变电站 35kV 2 号电容器组 A 相干式电抗器发生着火，且火势较大，现场紧急拉开 2 号电容器组断路器及隔离开关，在扑救灭火后检查确认电抗器已烧损。

（二）原因及暴露问题

该电抗器运行仅三年多，设备制造工艺不良，出厂存在质量问题，匝间短路引发明火造成烧损。

（三）防范措施

（1）规范新投设备安装工艺、交接试验等内容的交接验收工作。

（2）对干式电抗器的外观巡视检查，应注意观察有无变形，有无振动受力，红外测温图谱三相对比有无明显异常等。

（3）巡视电抗器时重点对电抗器的支撑条脱落、外壳颜色、有无漆开裂、掉皮等情况进行检查。

20 电容器电缆三相短路导致电缆沟着火

（一）异常经过

某 110kV 变电站 10kV1 号电容器 904 断路器过流保护动作跳闸，对 1 号电容器外观检查无故障痕迹，后试送 1 号电容器再次跳闸，发现 10kV 出线电缆沟有焦糊味并有浓烟冒出，沟内10kV多根电缆外绝缘烧损，现场及时采取灭火措施，对烧损电缆进行处理。

（二）原因及暴露问题

（1）电容器合闸过程中，由于合闸涌流过大，加之1号电容器电缆有质量缺陷，造成电缆绝缘击穿，三相电缆短路。

（2）运维人员未对电缆沟内电缆检查就将电容器试送，造成10kV多条电缆外壳烧损。

（三）防范措施

（1）电缆出线设备保护动作跳闸后，现场应对电缆沟内隐蔽布置电缆进行认真外观检查，确认有无异常。

（2）对未分层布置电缆沟安排实施改造。

（3）明确电缆设备在基建施工安装阶段出厂试验报告、交接试验检查等关键点项目验收内容。

（4）规范执行电缆设备周期红外检测、巡视检查等设备状态过程维护工作。

（5）电容器电流保护动作跳闸后必须查清原因后方可试送。

21 电流互感器有裂纹

（一）异常经过

运维人员在某110kV变电站对110kV Ⅱ段母线、洪大线142断路器及线路、2号主变压器及502断路器停电转检修操作过程中，发现502电流互感器B相外绝缘有裂纹。现场立即执行汇报并经检修人员现场检查确认后，对502

三相电流互感器全部实施更换后恢复送电。

（二）原因及暴露问题

（1）电流互感器裂纹位置在接线铝排后，日常巡视检查通过前后观察窗视线受阻看不见。

（2）2号主变压器负载率高，开关柜红外检测未规范执行柜体温差对比分析。

（3）电流互感器设备质量在负载率高运行工况下不能满足运行要求，等电位施工工艺不佳。

（三）防范措施

（1）按周期规范执行开关柜柜体温度对比分析，及时发现柜内设备异常及缺陷，尤其是对35kV、10kV主变压器进线等重载回路开关柜测温时要重点关注。

（2）结合设备运行经验，做好电流互感器招标采购环节设备选型。

（3）规范设备施工安装阶段施工工艺、质量关键点验收。

（4）穿管式电流互感器或穿柜套管验收时要注意检查等电位线、试验线安装是否正确、牢固可靠。

（5）新设备启动送电时必须要有对应的送电方案。

22 误拉开运行断路器导致甩负荷

（一）异常经过

某220kV变电站110kV北母及焦化一站线130断路器转检修操作。调度下令将110kV北母负荷（焦化一站线130除外）倒至南母，在操作倒完负荷后，运维人员直接拉开母联100断路器，导致部分变电站失电。

（二）原因及暴露问题

（1）运维人员未严格执行安全规程与调度纪律，接受调度指令时未规范执行复诵、记录。

（2）运维人员不熟悉操作区域电网运行方式，调度指令的接收与执行随意性大。

（三）防范措施

（1）运维人员现场接收调度指令，必须逐项在调度指令本认真全面记录并执行复诵，严禁擅自超出调度指令范围操作。

（2）强化运维人员对变电站区域电网运行方式培训学习。

（3）倒闸操作前要提前审核操作票，严禁跳步操作。

23 不熟悉运行方式将主变压器中性点接地

（一）异常经过

某110kV变电站110kV文昌Ⅱ线123启动送电后，调度下令恢复110kV母线正常运行方式，运维人员操作合上1号主变压器中性点接地开关，在发现错误后将1号主变压器中性点接地开关拉开。

（二）原因及暴露问题

运维人员对变电站主变压器中性点正常运行方式不熟悉，接收调度指令时未与调度及时询问核对。

（三）防范措施

（1）明确主变压器中性点操作原则：主变压器停送电前将主变压器中性点

接地开关合上，主变压器停电检修应拉开中性点接地开关，主变压器送电结束后中性点接地开关是否接地应严格按照调度命令进行操作。

（2）运维人员接收调度指令时有疑问或对指令内容认识模糊，应及时与当值调度员询问核对，清楚明确后再进行操作。

（3）熟悉 110kV 变电站主变压器中性点接地运行方式，且保证与电网运行方式一致。

24 主变压器电缆头烧损造成中压侧母线接地故障

（一）异常经过

某 110kV 变电站 35kV Ⅰ段母线接地告警信息，现场检查发现 1 号主变压器 35kV 侧 A 相电缆头有放电烧损痕迹。

（二）原因及暴露问题

（1）电缆冷缩头施工工艺不良。

（2）变电运维人员执行设备红外测温成像工作规范与专业性不强。

（3）变电检修专业化巡视执行质量不高，未与变电运维专业在对设备运行隐形缺陷的发现方面形成良好专业互补。

（三）防范措施

（1）严格落实基建施工阶段设备安装工艺专业验收。

（2）持续做好变电运维人员红外测温专项培训工作，红外成像测温应明确无阳光反射干扰的时段环境、调整成像仪温宽范围、红外拍摄角度等注意要求事项。

（3）专业化巡视需完善细化周期规定、巡视项目内容、专项排查重点、执行标准要求。

二、二次设备典型异常案例

1 二次线脱落搭挂在一次设备上造成 35kV 系统接地、保护装置损坏

（一）异常经过

某 220kV 变电站 35kV 开关柜直流消失、35kV 鸿达Ⅱ线 415 断路器及隔离开关位置由合至分、直流消失装置故障、35kV 故障接地、415 开关柜内部有烧糊的味道，保护装置面板运行异常灯亮。二次运检人员现场检查 415 断路器 ISA-353G 保护装置故障、烧坏，重新更换装置后，对装置进行调试，信息核对及开关传动正确后恢复正常。

（二）原因及暴露问题

（1）35kV 鸿达Ⅱ线 4153 隔离开关二次线脱落，掉落到断路器至 4151 隔离开关间的铝排上，引起 35kV Ⅱ段母线接地，415 断路器保护装置故障、烧坏。

（2）在开关柜基建施工阶段，施工单位未对柜内二次接线牢固绑扎措施。

（3）运维专业人员在对开关柜设备验收未严格执行关键点项目内容验收，日常巡视检查对柜内二次接线绑扎情况及可能造成的设备异常检查、关注认识不足。

（三）防范措施

（1）规范明确开关柜在基建施工阶段柜内二次线安装工艺验收要求、设

备停电检修期间相关检查维护工作项目内容实施。

（2）运维专业针对性实施开关柜设备关键点内容验收，开关柜日常巡视通过观察窗全面重点检查柜内二次线有无发生局部脱落、脱落位置是否影响一次设备、一次设备有无绝缘包封脱落等情况，发现缺陷及时上报。

（3）补充完善设备专业化巡视检查内容，确保巡视内容覆盖全面。

2 开关柜二次线缆着火导致主变压器跳闸

（一）异常经过

某220kV变电站监控后台发告警信息：35kVⅡ段母线C相接地，35kVⅡ段母线A相电压36.7kV、B相电压36.5kV、C相电压0.9kV。检查过程中，35kV明珠线325过电流Ⅰ段保护动作掉闸、35kVⅡ段母线电压落零、2号主变压器二次侧302无遥测信息、烟雾报警发响铃报警。在对35kV配电室通风排烟后检查发现302断路器控制、信号线缆烧毁，柜内3021隔离开关静触头C相传感器支持绝缘子破损。随后停电检修对302断路器电流、控制、信号线缆及3021隔离开关传感器瓷瓶更换。

（二）原因及暴露问题

2号主变压器302断路器间隔二次回路故障线缆发生着火，波及一次设备导致主变压器二次侧跳闸。

（三）防范措施

（1）按照逢停必检工作思路，结合设备停电检修实施对保护装置检查校验、二次回路线缆检查、回路接线端子紧固维护。

（2）设备例行巡视、专业化巡视对柜内二次线缆外观、绑扎情况进行重点关注，做好开关柜二次线缆、接线端子周期红外检测。

（3）对于此类开关柜传感器支柱绝缘子进行排查，未整改的设备应加强监视并纳入缺陷档案。

3 端子箱端子排发热造成电流互感器开路

（一）异常经过

某 220kV 变电站 2 号主变压器 220kV 侧 202 断路器端子箱红外成像测温发现端子排接线螺丝处发热 93℃，运维人员在报送缺陷约一个小时后电流互感器发生开路，因二次运检人员已到站打开端子箱准备实施消缺，在电流互感器发生开路的同时现场直接紧急短接处理。

（二）原因及暴露问题

（1）202 断路器端子箱内为老旧端子排，设备管理、维护部门对端子排停电改造更换计划实施滞后。

（2）变电运维人员按每月一次周期执行对全站一、二次设备全面普测，现场未结合老旧端子排运行工况，侧重针对性执行重点测温检查。

（三）防范措施

（1）设备维护部门对未改造更换老旧端子排集中摸底排查、统计，及时上报大修计划并实施改造更换。

（2）变电运维专业应针对所辖站未改造更换老旧端子排，结合例行巡视周期开展专项巡视检查与重点测温。

4 故障电压互感器二次并列导致二次电压回路原件烧坏

（一）异常经过

某 220kV 变电站 110kV 东母 B 相二次电压降低至 56V，检查其他相电压正常。运维人员现场检查东母电压互感器无异常、红外检测无明显异常。运维人员立即上报调度及运维室。为了进一步检查异常原因，二次运检人员到现场将二次并列，电压恢复正常，5min 后电压再次异常，检查二次并列装置保护面板故障，经变电检修人员再次复查后认为 B 相电压互感器内部存在故障，随后对 110kV 东母 B 相电压互感器停电更换。

（二）原因及暴露问题

由于电压互感器一次绝缘降低，导致二次绕组回路过电压，并列装置原件烧毁。

（三）防范措施

（1）严格执行紧急停运故障电压互感器操作原则，当电压互感器有故障时，严禁用隔离开关断开故障设备，通过倒母线的方式将故障电压互感器隔离。

（2）对故障电压互感器红外检测时，故障相与非故障相红外图谱存在微小差距（1℃），应认真分析后再进行处理。

5 漏拆电压互感器二次小接地线导致电压互感器损坏

（一）异常经过

某220kV变电站220kV罗蒲Ⅱ线231间隔检修送电后检查发现231线路电压128kV，220kV母线电压及其他出线线路电压131kV，231线路电压对比偏低约3kV。经现场检查发现231线路电压互感器二次低压断路器电压互感器侧有一组小接地线未拆除，二次接线盒内保护补偿电抗器的小避雷器伤损，固定小避雷器的胶木板烧黑，测量避雷器无阻值，随后停电更换线路电压互感器后恢复正常。

（二）原因及暴露问题

（1）220kV罗蒲Ⅱ线231线路电压互感器二次低压断路器电压互感器侧小接地线未拆除，长时间运行造成电压互感器损坏。

（2）现场220kV出线线路电压互感器二次低压断路器布置在两个不同的智能终端柜内，操作人员送电前未认真核实清点接地线数量。

（3）变电运维专业在操作送电后未及时对监控后台光字、遥测等信息检查核对。变电运维专业设备日常巡视检查不到位，致使小接地线未拆除长时间运行而未能发现。

（三）防范措施

（1）严格执行“两票三制”，强化规范作业现场接地线管理，要求对现场安全措施必须做到专项记录、重点交待。

（2）针对智能变电站220kV线路电压互感器二次操作装设小接地线，应将同一接地位置、不同接地点的两根小接地线，统一合并使用为只能有一个接地端的一根小接地线，禁止同时出现两个接地端而造成漏拆可能。

6 线路故障、控制字未投导致主变压器跳闸

（一）异常经过

某110kV变电站1号主变压器差动保护动作跳闸，35kV分段400断路器过电流Ⅱ段动作跳闸，10kV轧钢厂537断路器过电流Ⅰ段动作跳闸（重合复跳）；现场检查发现537开关柜内电缆头爆炸，冒烟。

（二）原因及暴露问题

（1）10kV轧钢厂537断路器保护二次值为47.75A，折算成一次值，47.75×300/5=2865A，537断路器跳闸重合短路电流大，弧光放电造成537开关柜内电缆头与后柜门放电、冒烟，短路冲击1号主变压器造成停电。

（2）35kV分段400充电保护控制字未退出引起断路器跳闸，造成非故障母线及出线断路器停电。

（三）防范措施

（1）调度专业人员对保护定值整定、配合情况，二次运检专业人员对分段断路器充电保护控制字实际投退情况开展专项核查工作。

（2）运维人员对保护定值打印件进行认真核对，并保留最新的打印件，根据定值和方式要求进行保护连接片投退。

7 误合交流开环点，造成二次交流电缆烧损

（一）异常经过

某 220kV 变电站由于 1 号主变压器检修，故合上 35kV 古京线 414 断路器给 1 号站用变压器供电，给交流 I 段母线供电。由于两侧变电站主变压器接线组别不同，误合交流开环点后造成交流电缆烧损，交流系统接线图如图 7-1 所示。

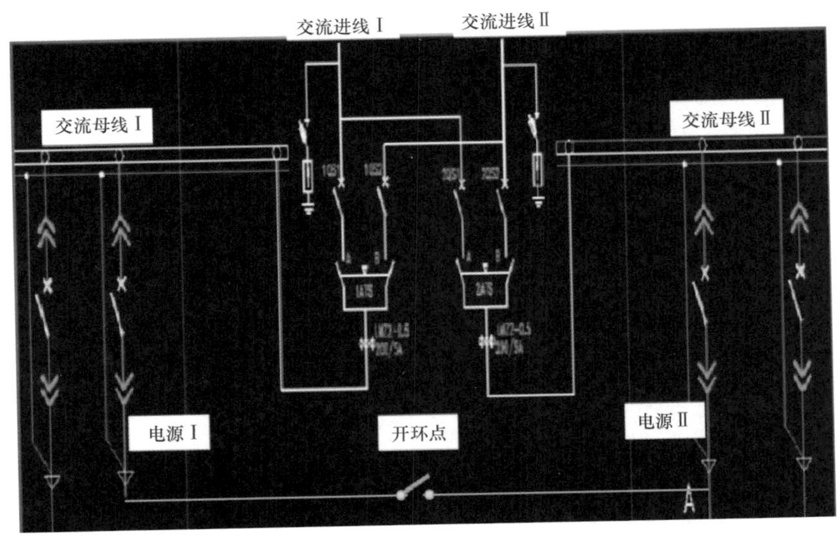

图 7-1　220kV 变电站交流系统接线图

（二）原因及暴露问题

（1）误合交流开环点，站用变压器并列时，两侧接线组别不同，造成二次交流电缆烧损。

（2）运维人员未熟知掌握站内低压交流系统在特殊临供运行方式下的操

作技术原则。

（三）防范措施

（1）当站内一台主变压器停电检修或其他原因，由外来线路供站用电变压器，因两侧变电站之间可能存在接线组别不同，容易引起通过合并交流环网造成低压侧短路故障。操作倒切站用变压器方法：站内短时全部停电，交流Ⅰ、Ⅱ段的 ATS 自动转换开关切换至强制手动位置，再进行倒换；另一种方法是检查确认开环点在断开位置，按照正常切换进行倒切站用变压器。

（2）站内低压交流系统在特殊临供方式下运行，必须完善规范现场所有交流二次开环点防误合保护措施，强化运维人员对低压交流系统特殊临供方式操作技术原则专项培训。

（3）对站内的交直流开环点必须明确标注，在进行交直流方式切换时，重点对开环点运行方式进行检查核对。

8 蓄电池组容量不足导致全站二次失电

（一）异常经过

某 110kV 变电站 1 号站用变压器失压，低压交流电源未能自动切换，造成全站低压交流用电失电、事故照明不亮，现场检查蓄电池组容量不足。

（二）原因及暴露问题

（1）经检查测量整组蓄电池组两端无电压，充电模块运行正常，但充不上电，经检查为蓄电池组出厂质量问题。

（2）低压交流电源切换时备自投切换把手在停用位置。

（三）防范措施

（1）规范交直流设备基建施工安装阶段出厂试验报告、交接试验检查等关键点项目验收。

（2）做好交直流设备周期充放电试验、容量测试、电池电压测试检查等设备状态过程维护工作。

（3）低压交流电源切换前应检查备投装置良好，把手在自动位置。

9 SF_6 压力骤降，后台监控无信号发出（一）

（一）异常经过

运维人员对某 220kV 变电站进行例行巡视检查发现 220kV 南母 3 号气室 SF_6 压力表指示为 0.34MPa，已低于告警值（参考值：额定 0.40MPa，报警 0.35MPa），核对站端及调度监控后台均未发任何报警信息，在现场汇报后予以及时补气检漏及后台信息检查关联。

（二）原因及暴露问题

因保护装置原因未与后台信息对应，导致气室 SF_6 压力降低至报警值未发告警信息。

（三）防范措施

（1）对保护装置版本、通信规约等原因造成与监控后台信息不能对应问题开展专项排查。

（2）规范设备信息核对过程验收，二次运检专业及时落实专项排查问题整治、完善专业化巡视执行检查内容。

（3）新设备启动验收时，要重点关注此类报警信息是否能够正确传输到站端监控后台。

10 SF_6 压力骤降，后台监控无信号发出（二）

（一）异常经过

运维人员对某 220kV 变电站进行气温骤降后执行设备特巡检查时发现 220kV 德壶Ⅱ线 2721 隔离开关气室 SF_6 压力指示为 0.08MPa，站端后台检查及调度监控后台核对均无对应告警信息，现场立即执行汇报后间隔 10min 对 2721 隔离开关处检查有无异常声响。变电检修人员到站后对 2721 隔离开关气室 SF_6 压力表链接线紧固后，后台报出压力低告警信息。

（二）原因及暴露问题

因 SF_6 压力表链接线松动造成压力低告警信息未上传监控后台。

（三）防范措施

（1）设备巡视检查范围应全面覆盖一、二次设备。

（2）在气温骤降外部环境下，应注意对设备二次接线是否松动、航空插头有无插紧等情况进行检查关注。

11 保护连接片标签名称错误导致断路器拒动

（一）异常经过

某 110kV 变电站 10kV1 号电容器 877 断路器低电压保护动作，877 断路器未跳闸；1号主变压器10kV复压过电流Ⅱ段保护动作，1号主变压器801断路器跳闸，10kV Ⅰ段母线失压。经二次运检人员现场检查877断路器保护连接片标签名称错误，造成877出口跳闸连接片未投。

（二）原因及暴露问题

（1）10kV 1号电容器877开关柜连接片“877跳闸”标签名称为“备用”，“备用”标签名称为“877跳闸”，实际为出口跳闸的保护连接片现场作为备用退出。

（2）基建二次安装调试人员提供保护连接片名称错误，在交接验收、信息核对、保护传动检查工作未发现此问题。

（三）防范措施

（1）变电运维专业对保护连接片投退正确性及操作质量开展集中专项检查。

（2）在二次设备安装调试阶段，明确运维人员必须全过程参与信息核对、保护传动的验收工作要求。

（3）新设备启动送电前，运维人员装设保护连接片标签时，一定要核对清楚连接片名称，对于模糊或不清楚的要及时与专业人员确定。

12 主变压器有载重瓦斯动作导致主变压器跳闸

（一）异常经过

某220kV变电站2号主变压器有载油位低，在退出2号主变压器有载重瓦斯保护连接片后，变电检修人员从有载放油阀处进行补油。在补油过程中启动有载重瓦斯，补油完成后未执行相关检查，直接投入有载重瓦斯保护连接片造成主变压器三侧跳闸。

（二）原因及暴露问题

（1）变电检修人员在有载放油阀处补油，补油时通过有载重气体继电器向油枕补油，使得有载重瓦斯动作。补油后未对气体继电器检查、放气。

（2）工作票结束前，运维人员未对现场保护装置、站端监控后台进行信息确认检查复归，调度监控人员未对监控信息进行核对检查。

（三）防范措施

（1）严格规范执行变压器带电补油安全技术工作要求，补油前退出重瓦斯出口保护连接片，补油后必须对气体继电器有无气体、保护装置重瓦斯有无启动动作、监控后台有无动作信息进行全面核对检查。

（2）明确变压器带电补油工作验收内容，调度监控、变电运维人员在工作票结束前，必须及时对保护装置及监控后台告警信息进行检查、复归。

（3）投退连接片前，对连接片出口进行电压测量。

13 气体继电器防雨帽脱落导致重瓦斯动作

（一）异常经过

某 110kV 变电站 2 号主变压器本体瓦斯继电器防雨帽因刮风下雨天气发生脱落，雨水进入气体继电器接线盒内造成瓦斯回路短路引起主变压器重瓦斯动作，主变压器及三侧断路器跳闸。

（二）原因及暴露问题

（1）2 号主变压器气体继电器防雨帽安装固定不牢固，刮风脱落后雨水进入气体继电器造成重瓦斯保护误动。

（2）运维人员巡视时未能及时发现防雨帽脱落。

（三）防范措施

（1）提高主变压器气体继电器、压力释放阀、油温表等附件防雨帽安装工艺，确保防雨帽安装满足工艺要求。

（2）完善与明确设备附属帽、罩安装工艺及质量验收标准要求。

（3）运维人员日常巡视主变压器时，除对本体、套管、油枕等主要设备要巡视到位，同时对防雨帽、气体继电器、套管 TA、外壳及绕组接地端等容易忽视的附属设备也要重点关注，做到不留死角。

附录 A

应用可视管理，提高运维水平

一、实施背景

随着电网规模的不断扩大，运维人员管辖变电站设备数量逐日增多，在现阶段无人值守模式下，劳动强度也在不断加大，同时用户对供电可靠性的要求也越来越高，如何提高巡视研判的准确性，是运维人员亟待解决的问题。

变电站可视化管理是指利用各种形象直观、色彩适宜的视觉感知信息的一种科学管理手段，它以视觉信号为基础，将变电设备各种状态和异常明示化，使运维人员清晰掌握设备运行工况，提高安全生产管理水平和生产效率。如压力表计的可视标识，使得 SF_6 压力的巡视监测工作直观、醒目，避免了过去由于人员死记硬背造成错误。

二、内涵和做法

（一）建立可视化应用保证体系

通过将可视化应用保证体系建立，全面规范各类设备可视化的日常应用工作，对使用初期存在的问题进行针对性解决。

一次设备可视化重点针对主变压器呼吸器、各类液压、气压表计、主变压器温度计制作可视化标签。

二次设备可视化重点针对母差、失灵、主变压器非电量保护、备自投装置制作可视化标签。

通过建立各种设备可视化标签，从而保证变电站设备运行的稳定性和安全性。

（二）制定可视化应用的日常管理规范

制定可视化应用管理实施细则，严格按照实施细则执行，逐级细化，逐层落实。成立可视化应用管理团队，通过周例会、微信群等方式加强交流，全程参与可视化应用的各项创新项目，以设备巡检为媒介，将可视化全面应用到日常工作。通过发现问题并提出改进方案，探索可视化应用功能的改进和完善。

（三）加强可视化应用培训

通过对全体运维人员培训，提升运维人员个人技能，结合当前设备已有的可视化应用，探索和完善变电站可视化应用新模式。

三、实施效果

（一）实施依据

（1）国家电网有限公司变电运维管理规定（试行）第 1 分册，油浸式变压器（电抗器）运维细则。

吸湿器维护吸湿剂受潮变色超过 2/3、油封内的油位超过上下限、吸湿器玻璃罩及油封破损时应及时维护。当吸湿剂从上部开始变色时，应立即查明原因，及时处理。同一设备应采用同一种变色吸湿剂，其颗粒直径 4~7mm，且留有 1/6~1/5 空间。油浸式变压器顶层油温在额定电压下的一般限值。

（2）国家电网有限公司变电运维管理规定（试行）第 3 分册，组合电器运维细则。

运行中 SF_6 气体年漏气率≤ 0.5%/ 年。

（二）实施效果图

通过可视化标签的制作安装，有效提高运维管理水平，利于设备巡视维护。如压力表计的可视标识，使得 SF_6 压力的巡视监测工作直观、醒目，避免了过去由于人员死记硬背造成错误。

（1）组合电器 SF_6 压力标签按每一间隔做一个标签，粘贴在该间隔汇控合适醒目位置，同一设备区内设备粘贴位置应一致，如附图 A-1 所示。

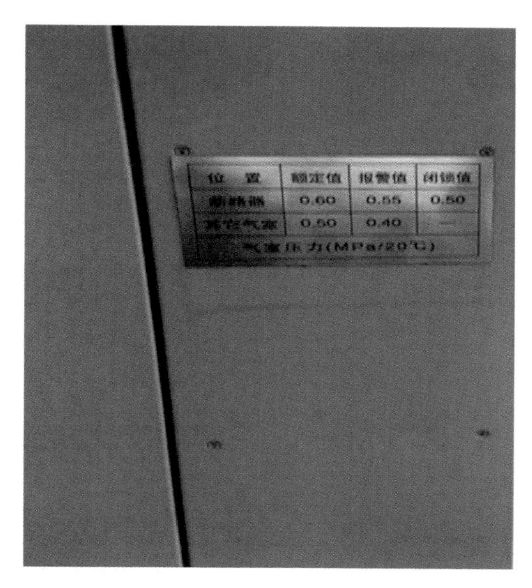

附图 A-1　组合电器 SF_6 压力标签

（2）主变压器油温表标签应粘贴在上层油温表正下方，距离地面 1.5m 处，如附图 A-2 所示。

油浸风冷变压器额定电压下的温度限值

冷却方式	冷却介质最高温度	顶层油温最高温度	不宜经常超过的温度	告警温度设定
自然循环风冷	40℃	95℃	85℃	85℃

附图 A-2　主变压器油温表标签

（3）标准规定吸湿器内吸湿剂（硅胶）留有 1/6~1/5 空间，吸湿剂变色超 2/3 应更换，如附图 A–3 所示，主变压器吸湿器标签如附图 A–4 所示。

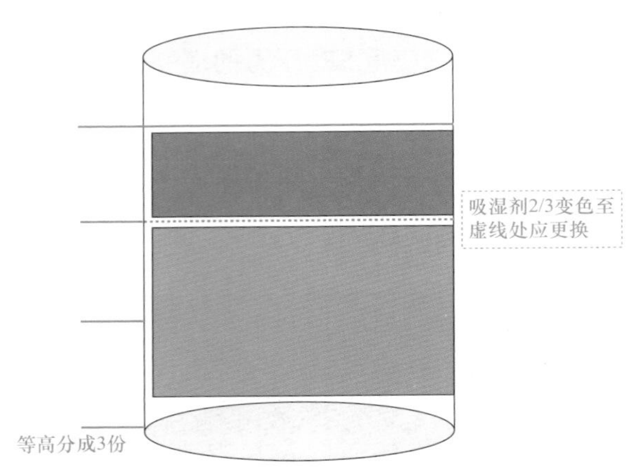

附图 A–3　吸湿剂变色示意图

附图 A–4　吸湿器变色标签

（4）二次设备面板需要标示的均可制作相应标签，对母差、失灵、主变压器非电量保护、备自投装置需粘贴标签，标签应简洁明了，二次设备标签一般应粘贴在被标示面板的两侧或下方，方便指示且不影响美观，如附图 A–5 所示。

附图 A-5 二次设备面板标签

四、成果展望

通过不断的创新，精益化的管理，对变电运维各项具体工作起到很大的促进作用，使运维巡视更加明了、更加简洁、更加有效，使变电运维工作做到精益求精。实现变电站各类设备数据状态分析判读，有效解决人工劳动带来的缺陷与不足，降低变电站运维成本，提高设备巡检作业水平，为智能变电站和无人值守变电站提供创新型的监测手段和全方位的安全保障。

附录 B

高压开关柜安全措施

一、开关柜安全措施布置

（一）单间隔断路器及线路停电

（1）XGN 型开关柜。

操作顺序：断开断路器；拉开线路侧隔离开关、母线侧隔离开关；在线路侧出线电缆头侧验明无电，装设接地线；在母线侧隔离开关断路器侧验明无电，装设接地线。

围栏：在检修开关柜前后设置只留一个入口的安全围栏。

标示牌：在围栏上面向检修区域悬挂“止步　高压危险”标示牌，围栏入口悬挂“从此进出”标示牌；在需要检修的开关柜上悬挂“在此工作”标示牌，在母线侧隔离开关操作把手上悬挂“禁止合闸　有人工作”标示牌。

红布幔：在相邻运行开关柜前后悬挂“运行设备”红布幔，在检修开关柜母线室悬挂“带电”警示红布幔。

警示灯：在相邻运行开关柜前后放置双面警示灯。

危险点：在许可工作时重点交待相邻设备、母线室带电。

具体布置示意图如附图 B-1 所示。

（2）KYN 型开关柜。

操作顺序：断开断路器；将小车开关由工作位置摇到试验位置；取下二次插头，将小车开关由试验位置拉到检修位置；在线路侧出线电缆头侧验明无电，装设接地线。

围栏：在开关柜前后设置只留一个入口的安全围栏。

标示牌：在围栏上面向检修区域悬挂“止步　高压危险”标示牌；围栏入口悬挂“从此进出”标示牌；在需要检修的开关柜上悬挂“在此工作”标示牌。

红布幔：在相邻运行开关柜前后悬挂“运行设备”红布幔，在检修开关柜母线室悬挂“带电”警示红布幔。

警示灯：在相邻运行开关柜前后放置双面警示灯。

危险点：在许可工作时重点交待断路器室隔离挡板内母线侧静触头带电，禁止打开隔离挡板；相邻设备、母线室带电。

具体布置示意图如附图 B-2 所示。

（二）单段母线、母线上所有出线断路器及线路停电

（1）XGN 型开关柜。

操作顺序：断开连接该母线的所有断路器；拉开所有线路侧隔离开关、母线侧隔离开关；拉开分段隔离开关；在线路侧出线电缆头侧验明无电，装设接地线；在分段运行母线侧隔离开关断路器侧验明无电，装设接地线；在主变压器侧进线隔离开关断路器侧验明无电，装设接地线；在电压互感器柜隔离开关母线侧验明无电，装设接地线；在电压互感器二次侧装设小接地线。

围栏：在检修母线及开关柜四周设置只留一个入口的安全围栏，在分段运行母线侧开关柜顶部、与工作地点相邻的运行开关柜顶部设置专用围栏。

标示牌：在围栏上面向检修区域悬挂“止步　高压危险”标示牌，围栏入口悬挂“从此进出”标示牌；在需要检修的开关柜上分别悬挂“在此工作”标示牌；在分段运行母线侧隔离开关、主变压器侧进线隔离开关操作把手上悬挂“禁止合闸　有人工作”标示牌；在分段运行母线侧开关柜顶部围栏、与工作地点相邻的运行开关柜顶部围栏悬挂“止步　高压危险”

标示牌。

红布幔：在相邻运行开关柜前后悬挂“运行设备”红布幔；在分段运行母线侧开关柜前后悬挂“带电”警示红布幔。

警示灯：在分段运行母线侧开关柜前后、与工作地点相邻的运行开关柜前后放置双面警示灯。

危险点：在许可工作时重点交待相邻设备、分段运行母线侧开关柜、主变进线开关柜带电部位。

以Ⅱ段母线停电为例，具体布置示意图如附图B-3所示。

（2）KYN型开关柜。

操作顺序：断开连接该母线的所有断路器；将相关的小车开关、隔离小车由工作位置摇至试验位置；取下二次插头；将相关的小车开关、隔离小车由试验位置拉至检修位置；在线路侧出线电缆头侧验明无电，装设接地线；在分段隔离小车断路器侧验明无电，装设接地线；在主变压器进线隔离小车断路器侧验明无电，装设接地线；在电压互感器柜母线侧验明无电，装设接地小车；在母线电压互感器二次侧装设小接地线。

围栏：在检修母线及开关柜四周设置只留一个入口的安全围栏，在分段运行母线侧开关柜顶部、与工作地点相邻的运行开关柜顶部设置专用围栏。

标示牌：在围栏上面向检修区域悬挂“止步　高压危险”标示牌，围栏入口悬挂“从此进出”标示牌；在需要检修的开关柜上分别悬挂“在此工作”标示牌；在分段运行母线侧开关柜顶部围栏、与工作地点相邻的运行开关柜顶部围栏悬挂“止步　高压危险”标示牌。

红布幔：在相邻运行开关柜前后悬挂“运行设备”红布幔；在分段运行母线侧开关柜前后悬挂“带电”警示红布幔。

警示灯：在分段运行母线侧开关柜前后、与工作地点相邻的运行开关柜前后放置双面警示灯。

危险点：在许可工作时重点交待相邻设备、分段运行母线侧开关柜、主变压器进线开关柜带电部位。

以Ⅱ段母线停电为例，具体布置示意图如附图 B–4 所示。

（三）主变压器进线断路器停电（两侧隔离开关均带电）

（1）XGN 型开关柜。

操作顺序：断开主变压器进线间隔断路器；拉开主变压器侧隔离开关、母线侧隔离开关；在主变压器侧隔离开关断路器侧验明无电，装设接地线；在母线侧隔离开关断路器侧验明无电，装设接地线。

围栏：在主变压器进线间隔开关柜前设置只留一个入口的安全围栏。

标示牌：在围栏上面向检修区域悬挂“止步　高压危险”标示牌，围栏入口悬挂“从此进出”标示牌；在需要检修的开关柜上悬挂“在此工作”标示牌；在检修断路器两侧的隔离开关操作把手上悬挂“禁止合闸　有人工作”标示牌。

红布幔：在相邻运行开关柜前悬挂“运行设备”红布幔。在主变压器进线开关柜母线室悬挂“带电”红布幔。

警示灯：在相邻的运行开关柜前放置双面警示灯。

危险点：许可工作时重点交待主变压器和母线侧隔离开关带电，相邻开关柜带电。

具体布置示意图如附图 B–5 所示。

（2）KYN 型开关柜。

操作顺序：断开主变压器进线间隔断路器；将小车开关、隔离小车由工作位置摇至试验位置；取下二次插头，将小车开关由试验位置拉至检修位置；在隔离小车断路器侧验明无电，装设接地线。

围栏：在主变压器进线间隔开关柜前后设置只留一个入口的安全围栏。

标示牌：在围栏上面向检修区域悬挂“止步　高压危险”标示牌，围栏入口悬挂“从此进出”标示牌；在需要检修的开关柜上悬挂“在此工作”标示牌；

在隔离开关柜摇把安装位置悬挂“禁止合闸　有人工作”标示牌。

红布幔：在相邻运行开关柜前后悬挂“运行设备”红布幔；在隔离开关柜前后、主变压器进线柜母线室悬挂“带电”警示红布幔。

警示灯：在相邻的运行开关柜前后放置双面警示灯。

危险点：在许可工作时重点交待断路器室隔离挡板内触头带电，禁止打开隔离挡板；相邻设备带电。

注意事项：若主变压器进线间隔没有隔离开关柜，小车开关由试验位置拉至检修位置后，开关柜前门上锁，检修过程中禁止开启。

具体布置示意图如附图 B-6 所示。

（四）主变压器停电（母线并列运行）

（1）XGN 型开关柜。

操作顺序：断开主变压器间隔断路器；拉开主变压器侧隔离开关、母线侧隔离开关；在母线侧隔离开关断路器侧验明无电，装设接地线。在主变压器穿墙套管侧验明无电，装设接地线。

围栏：在主变压器间隔开关柜前后设置只留一个入口的安全围栏。

标示牌：在围栏上面向检修区域悬挂“止步　高压危险”标示牌，围栏入口悬挂“从此进出”标示牌；在需要检修的开关柜上悬挂“在此工作”标示牌；在母线侧隔离开关操作把手上悬挂“禁止合闸　有人工作”标示牌。

红布幔：在相邻运行开关柜前后悬挂“运行设备”红布幔；在主变压器开关柜母线室悬挂“带电”红布幔。

警示灯：在相邻的运行开关柜前后放置双面警示灯。

危险点：在许可工作时重点交待相邻设备、开关柜母线侧带电部位。

具体布置示意图如附图 B-7 所示。

（2）KYN 型开关柜。

操作顺序：断开主变压器间隔断路器；将小车开关、隔离小车由工作位置摇至试验位置；取下二次插头，将小车开关由试验位置拉至检修位置。在隔离小车断路器侧验明无电，装设接地线；在主变压器穿墙套管侧验明无电，装设接地线。

围栏：在主变压器间隔断路器柜前后设置只留一个入口的安全围栏。

标示牌：在围栏上面向检修区域悬挂“止步　高压危险”标示牌，围栏入口悬挂“从此进出”标示牌；在需要检修的开关柜上悬挂“在此工作”标示牌；在主变压器隔离开关柜摇把安装位置悬挂“禁止合闸　有人工作”标示牌。

红布幔：在相邻运行开关柜前后悬挂“运行设备”红布幔，在主变压器隔离开关柜前后悬挂“带电”警示红布幔。

警示灯：在相邻的运行开关柜前后放置双面警示灯。

危险点：在许可工作时重点交待主变压器隔离开关柜母线室带电，相邻设备带电。

注意事项：若主变压器进线间隔没有隔离开关柜，小车开关由试验位置拉至检修位置后，开关柜前门上锁，检修过程中禁止开启。

具体布置示意图如附图 B-8 所示。

二、开关柜操作和施工现场管理防误注意事项

（1）工作人员在配电室内工作时，运维人员将电容器组断路器远方 / 就地把手切换至就地。

（2）电容器停电拉开断路器后，拉隔离开关前，将断路器远方 / 就地把手切换至就地。

（3）尽量避免开关柜单间隔工作，最好一条母线全停。

（4）母线停电，全部安全措施做好后，方可在五防机模拟按照电脑钥匙程序打开相关母线室防误锁，任何人不得擅自解锁。

（5）施工人员进行开关柜相关工作，一定要专人监护，同进同出。

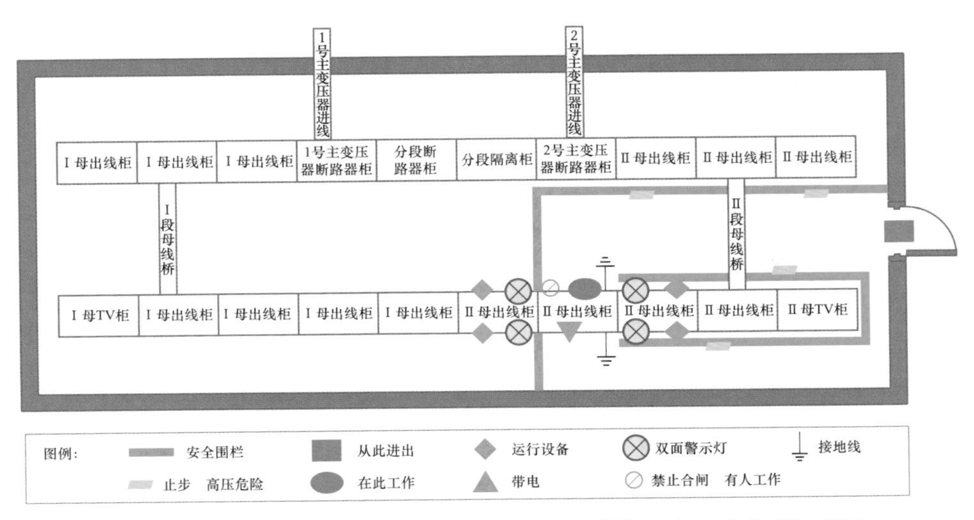

附图 B-1 XGN 型开关柜单间隔断路器及线路停电安措布置示意图

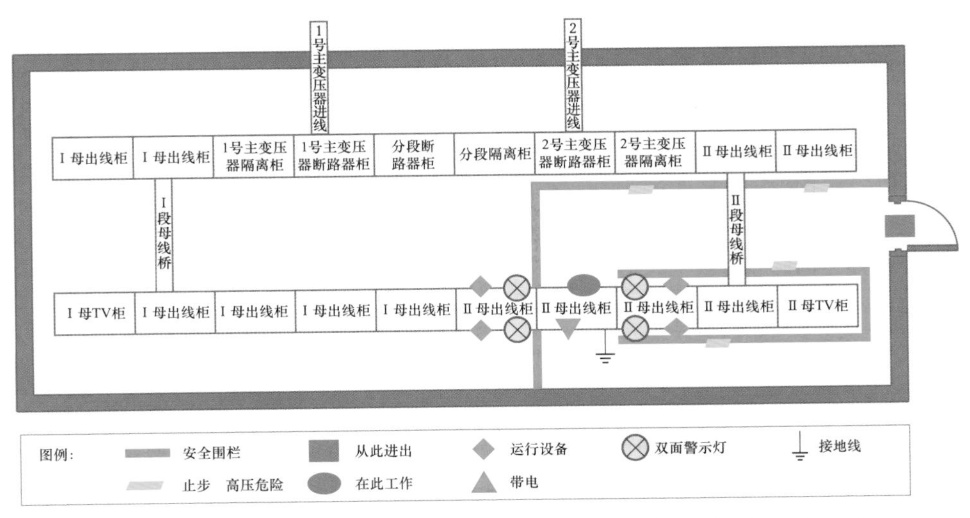

附图 B-2 KYN 型开关柜单间隔断路器及线路停电安措布置示意图

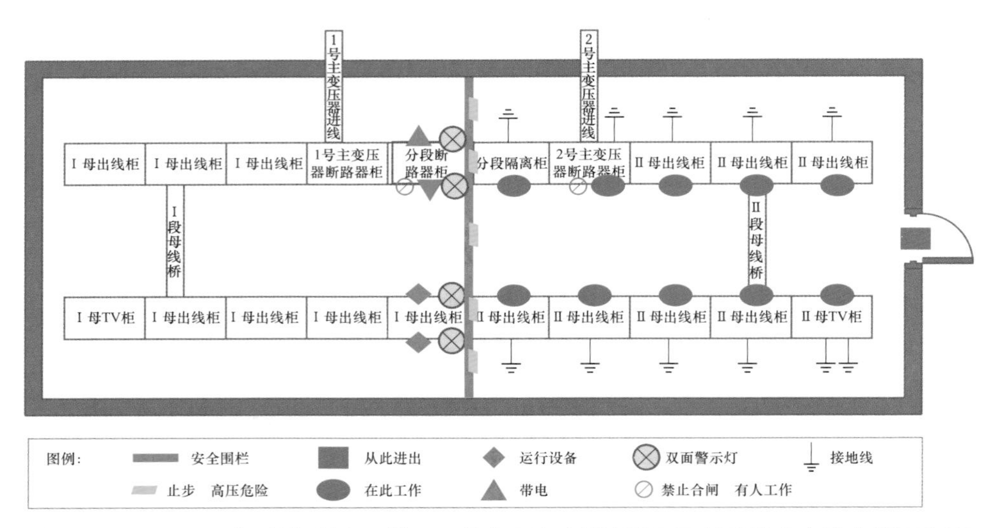

附图 B-3 XGN 型开关柜单段母线、母线上所有出线断路器及线路停电安措布置示意图

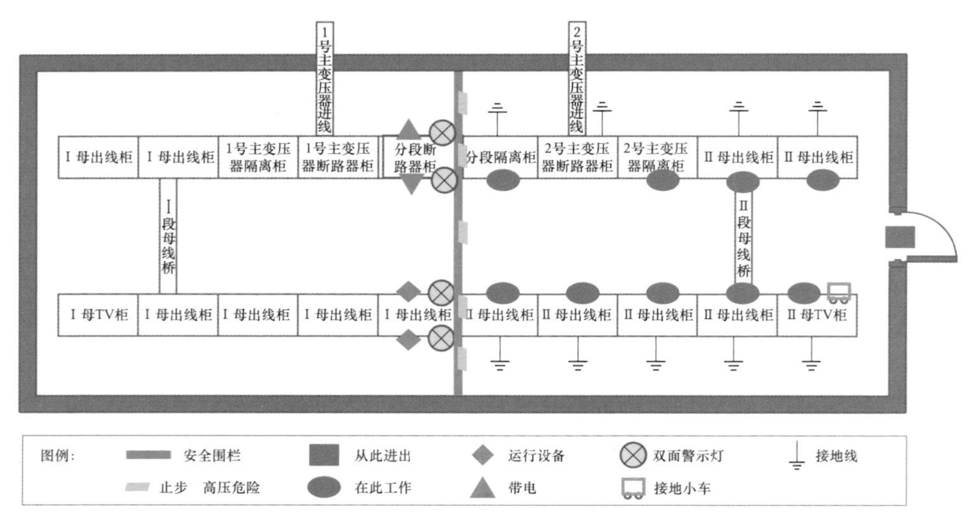

附图 B-4 KYN 型开关柜单段母线、母线上所有出线断路器及线路停电安措布置示意图

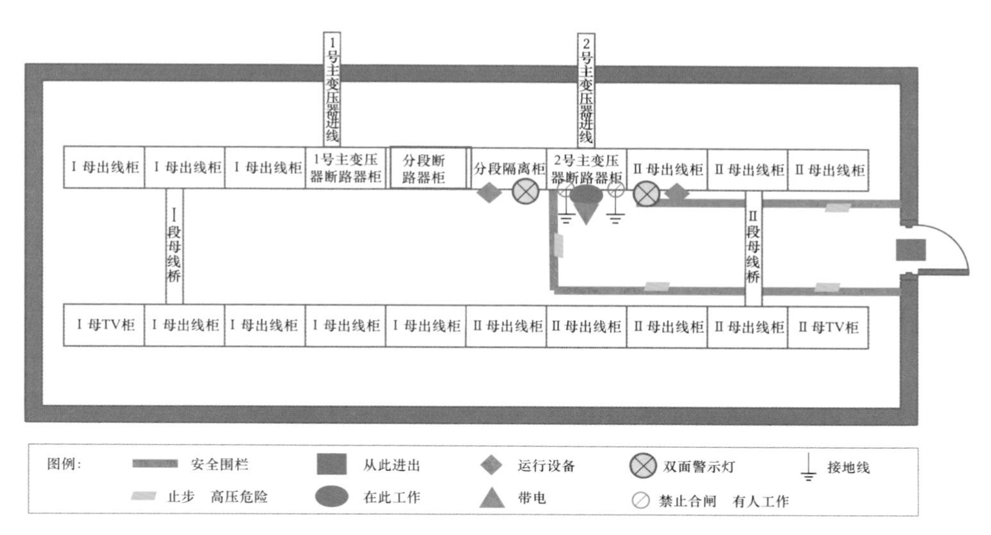

附图 B-5 XGN 型开关柜主变进线断路器停电（两侧隔离开关均带电）安措布置示意图

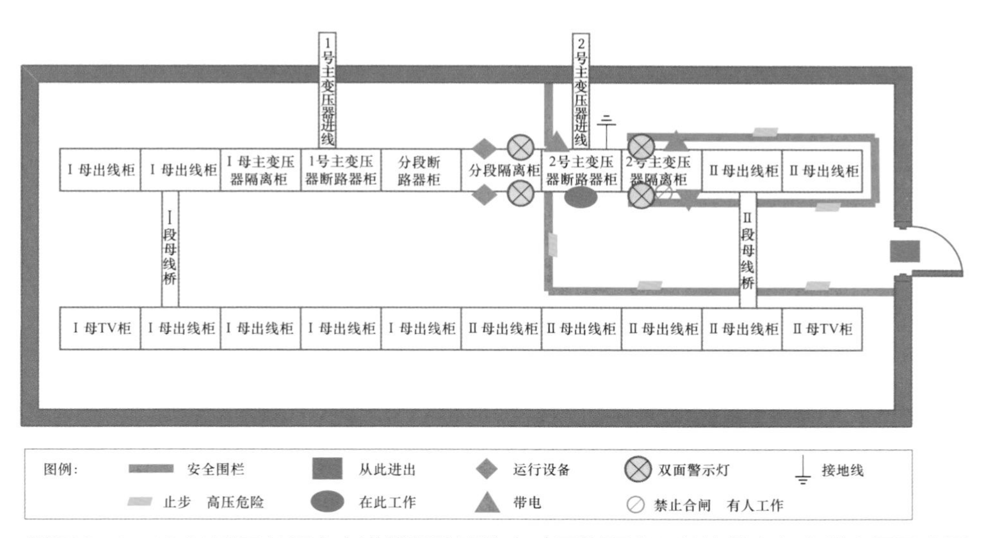

附图 B-6 KYN 型开关柜主变进线断路器停电（两侧隔离开关均带电）安措布置示意图

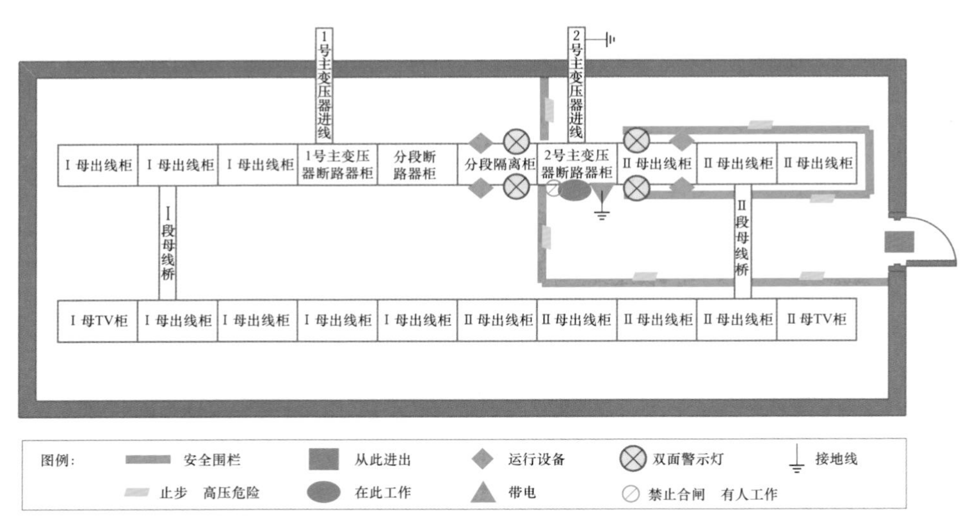

附图 B-7 XGN 型开关柜主变停电（母线并列运行）安措布置示意图

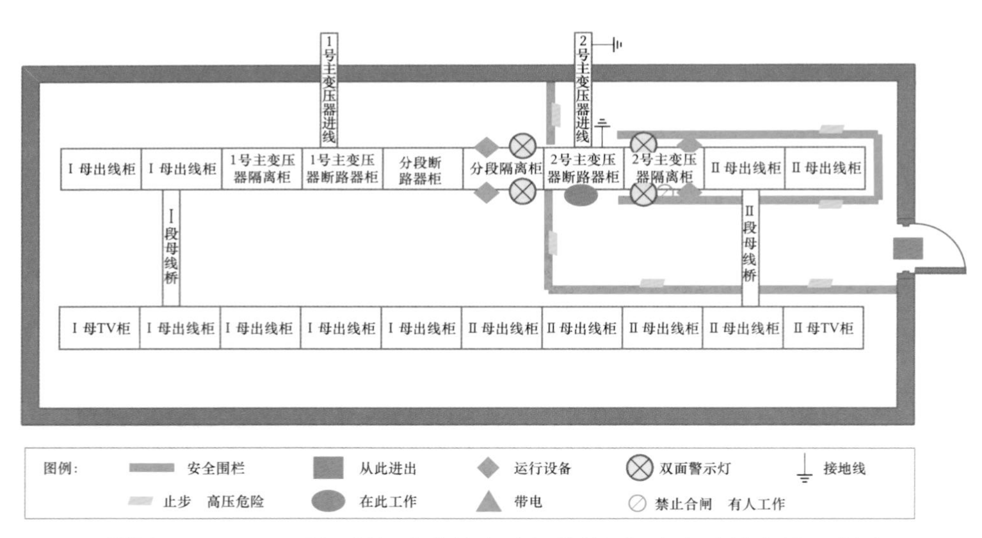

附图 B-8 KYN 型开关柜主变停电（母线并列运行）安措布置示意图